海洋倾倒管理与技术系列丛书

海洋倾倒物质评价指南

国际海事组织　编

韩庚辰　韩建波　王晓萌 等　译

U0195528

海洋出版社

2017年·北京

图书在版编目（CIP）数据

海洋倾倒物质评价指南/国际海事组织编；韩庚辰等译．—北京：海洋出版社，2017.12
（海洋倾倒管理与技术系列丛书）
ISBN 978-7-5210-0006-1

Ⅰ.①海…　Ⅱ.①国…②韩…　Ⅲ.①海洋污染–污染防治–国际公约
Ⅳ.①X55

中国版本图书馆 CIP 数据核字（2017）第 313873 号

本书中文简体版由原书出版单位国际海事组织（International Maritime Organization）授权翻译出版。此次翻译国际海事组织出版的"Waste Assessment Guidelines（2014 Edition）"得到了国际海事组织的授权，但译文并未经国际海事组织的核准，故可能与原文存在出入。如有疑问，应参考原文；如存在矛盾，应以原文为准。

责任编辑：赵　娟
责任印制：赵麟苏

海洋出版社　出版发行

http://www.oceanpress.com.cn
北京市海淀区大慧寺路 8 号　邮编：100081
北京朝阳印刷厂有限责任公司印刷　新华书店北京发行所经销
2017 年 12 月第 1 版　2017 年 12 月第 1 次印刷
开本：787mm×1092mm　1/16　印张：7.5
字数：170 千字　定价：50.00 元
发行部：62132549　邮购部：68038093　总编室：62114335
海洋版图书印、装错误可随时退换

《海洋倾倒物质评价指南》
翻译人员名单：

韩庚辰　韩建波　王晓萌　孙瑞钧　杨文超

程嘉熠　陈　虹　陈　越　胡松琴　霍传林

唐冬梅　吴大千　卢晓燕　林新珍　郑　蕊

前　言

自 1997 年以来，《伦敦公约》及其《96 议定书》的理事机构陆续通过了一系列指南文件，促进两个公约下废物及其他物质的评价工作。这些指南文件最初于 2006 年以《1972 年防止倾倒废物及其他物质污染海洋的公约的指南》* 为题出版。

其后，理事机构对多数指南进行了修订，并在规范二氧化碳海底地质结构封存的《96 议定书》2006 年修正案通过后，制定了新的指南。本版（2014 年版）指南汇编在《伦敦公约》及其《96 议定书》框架下，对与废物及其他物质评价有关的指南文件作了更新。

---

* 参阅 IMO 出版物，销售号 I531E。

目　录

导　言

1　背景

1.1　1972 年《防止倾倒废物及其他物质污染海洋的公约》(《伦敦公约》)是第一批保护海洋环境、控制人类活动的全球性公约之一，于 1975 年生效。公约的目标是促进对一切来源的海洋环境污染进行有效控制，并采取一切切实可行的步骤防止倾倒废物及其他物质污染海洋。公约目前有 87 个缔约国。

1.2　公约的主要成就包括停止了始于 20 世纪 60 年代末期和 70 年代早期的无序倾倒和海上焚烧活动。缔约国同意通过实施管理程序评价倾倒需求与潜在影响，达到控制倾倒的目的。它们禁止了某些类型废物的倾倒，并通过推行健全的废物管理和污染防止政策，逐步使管理体系更加严格。

1.3　1996 年，《96 议定书》获得通过，以期实现《伦敦公约》的现代化并最终取代该公约。议定书于 2006 年 3 月 26 日生效，目前有 45 个缔约国。在议定书框架下，除附件 1 "反列清单"中可考虑允许倾倒的废物外，其他物质的倾倒均被禁止。"反列清单"包含以下物质：

（1）疏浚物；

（2）污水污泥；

（3）鱼类废物或鱼类加工业产生的废物；

（4）船舶和平台或其他海上人造结构物；

（5）惰性无机地质材料；

（6）天然有机物；

（7）主要由铁、钢、混凝土和对其关切是物理影响的类似无害物质构成的大块物体，并且限于如下情况：此类废物产生于除倾倒外无法使用其他实际可行的处置方案的地点，如与外界隔绝的小岛。

1.4　在减轻大气二氧化碳（CO_2）浓度增加造成的影响以及确保对海洋环境具有潜在危害的新技术得以有效规控方面，《伦敦公约》及其《96 议定书》缔约国近年开展了一些开拓性工作。2006 年，《96 议定书》缔约国通过了关于规范二氧化碳捕获和海底地质结构封存（CCS）的议定书附件 1 修正案。修正案为管理碳捕获及其在海底地质结构中的永久隔离储存奠定了国际环境法基础。将二氧化碳捕获和海底地质结构封存置于《96 议定书》框架下的一个结果是开展这类活动需要遵守议定书关于许可的安排。为推动许可程序，缔约国通过了二氧化碳流海底地质结构处置的专项评价指南，本书收录了该指南。

2　关于指南

2.1　本书收录的指南文件包括：

1）可考虑倾倒的废物及其他物质的评价指南。

科学组制定了"通用指南"以取代经第 17 次协商会议修订的废物评估框架（LC17/14，第 4.11 段；LC/SG 18/2），帮助缔约国实施《伦敦公约》并做好《96 议定书》的生效准备工作。缔约国协商会议于 1997 年通过了"通用指南"（LC19/10，附件 2），并在 2008 年作了修订（LC30/16，附件 3）。

2）专项指南用于评价：

（1）疏浚物；

（2）污水污泥；

（3）鱼类废物或鱼类加工业产生的废物；

（4）船舶；

（5）平台或其他海上人造结构物；

（6）惰性无机地质材料；

（7）天然有机物；

（8）主要由铁、钢、混凝土和对其关切是物理影响的类似无害物质构成的大块物体，并且限于如下情况：此类废物产生于除倾倒外无法使用其他实际可行的处置方案的地点，如与外界隔绝的小岛；

（9）在海底地质结构中处置的二氧化碳。

2.2　专项指南采用渐进式程序评估可考虑海洋倾倒的废物，包括废物防止审查、替代方案评价、废物特性表征、倾倒潜在不利环境影响评价、倾倒区选划、监测和许可程序。

2.3　2000 年，第 22 次协商会议通过了这些基于通用指南而制定的专项指南。2001 年，科学组对这些指南作了最终编辑（LC/SG 24/11，附件 3~10）。之后，一些指南又被更新：2013 年的《疏浚物专项评价指南》（LC 32/15，附件 2），2008 年的《惰性无机地质材料专项评价指南》（LC 30/16，附件 4），2010 年的《块状物专项评价指南》（LC 32/15，附件 2），2012 年《96 议定书》缔约国会议通过了《二氧化碳流专项评价指南》（LC 34/15，附件 8）。

2.4　还应注意的是协商会议通过的这些指南并非一成不变。会议同意对这些指南保持审查并每五年进行更新，或者依据新的技术发展和科学研究结果提前进行更新。缔约国已受邀实施这些指南并报告由此获得的经验作为未来审查的关键依据。缔约国会议在 2013 年核准了对所有指南导言性文本的修正，本书亦作了收录。

2.5　需要注意的是，除了《二氧化碳流专项评价指南》外，其他指南对《伦敦公约》和《96 议定书》均适用，确保了技术标准的一致性。

2.6　第 28 次协商会议还通过了《惰性无机地质材料的符合性标准》，帮助缔约国初步判断申请倾倒的物质是否属于惰性无机地质材料，以便进一步考虑其在《伦敦公约》或《96 议定书》下是否适合倾倒。满足符合性标准的物质并不意味着必然获得海洋倾倒的许可，只有在仔细考虑了专项评价指南后方能作出是否准予许可的决定。

通用废物评价指南

1 引言

1.1 本"通用指南"适于国家主管部门规范废物倾倒时在无专项指南可用的情形下使用，如《96 议定书》附件 1 所列物质已制定相应专项指南，专项指南应替代本"通用指南"使用。

1.2 依据《96 议定书》，除明确列入附件 1 的物质外，禁止倾倒废物或其他物质。因此，在《96 议定书》背景下，本指南仅适用于附件 1 所列的物质。《伦敦公约》禁止倾倒特定的废物或其他物质，因而本指南适用于《伦敦公约》附件未禁止倾倒的废物。在《伦敦公约》背景下应用本指南时，不应将其作为重新考虑倾倒附件 I 所禁止的废物或其他物质的工具。

1.3 图 1 所示的"通用指南"应用流程图清晰地指明了应作出重要决策的各个阶段，该流程图并未设计成传统的"决策树"。一般来说，国家主管部门应以迭代方式运用此流程图，确保作出许可决定前考虑所有步骤。国家主管部门应根据本国科学、技术和经济能力，考虑相关科学和技术的快速进步，力求更新指南各步骤相关的科学技术知识。图 1 阐明了《96 议定书》附件 2 各部分间的关系，主要内容如下：

（1）废物特性表征（第 4 部分，化学、物理和生物特性）；

（2）废物防止审查和废物管理方案（第 2 部分和第 3 部分）；

（3）行动清单（第 5 部分）；

（4）倾倒区的识别与表征（第 6 部分，倾倒区选划）；

（5）确定潜在影响，提出影响假设（第 7 部分，潜在影响评价）；

（6）颁发许可证（第 9 部分，许可证及许可条件）；

（7）工程实施与符合性监测（第 8 部分，监测）；

（8）现场监测与评价（第 8 部分，监测）。

注：图 1 的流程图表明了《96 议定书》附件 2 以及《伦敦公约》附件 I 和附件 II 中重要部分之间的关系。圆括号中的阿拉伯数字与本指南中的相关部分对应。流程图用于协助国家主管部门考虑所有管理方面，包括审议申请、颁发许可证、管理工程区域、报告和保存记录。流程图清晰地指明了应作出重要决策的各个阶段。总之，国家主管部门应当以迭代方式运用此流程图，确保在作出是否许可的决定前反复考虑所有步骤。

1.4 《96 议定书》附件 1 所列各类允许倾倒物质的专项评价指南均已制定，应在各类物质评价过程中使用。"通用指南"可于专项评价指南未制定时使用，也可用于制定新的专项评价指南。通用或专项指南的使用并非替代《96 议定书》附件 2，而是对其内容的补充。

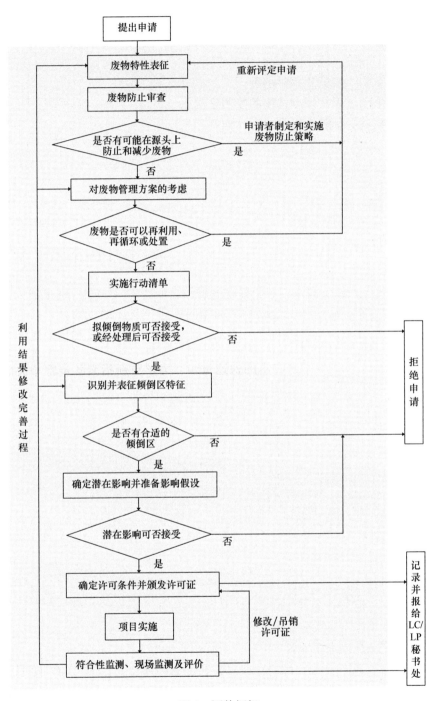

图 1　评估框架

5

2 废物防止审查

2.1 在《伦敦公约》及《96 议定书》框架下，评价可考虑倾倒废物或其他物质的倾倒活动替代方案的初始阶段应视情况包括：

1）废物的类型、数量及相对危害。

2）废物的生产过程及生产过程的废物来源。

3）下述废物减少和防止技术的可行性：

（1）产品改造；

（2）清洁生产技术；

（3）工艺改良；

（4）原辅材料的替代；

（5）现场、闭路再循环。

《伦敦公约》及《96 议定书》禁止倾倒的废物或其他物质，即使应用上述技术，也禁止向海洋倾倒。

2.2 一般而言，如废物审查表明存在废物源头防止的可能性，则申请人应与有关地方和国家机构合作，制定和实施废物防止策略，包括具体的废物减量目标以及为确保实现这些目标而作进一步废物防止审查的规定。许可证的颁发和更新决定应确保符合任何由此产生的减少和防止废物的要求。

2.3 对于疏浚物和污水污泥，废物管理目标应为识别和控制污染源，该目标应通过实施废物防止对策来实现，并需要与涉及控制点源与非点源污染的地方和国家机构之间进行合作。上述考虑可能同样适用于其他废物类型。在实现该目标前，可利用海上或陆上处置管理技术解决沾污疏浚物的问题。

3 对废物管理方案的考虑

3.1 倾倒废物或其他物质的申请应表明已逐级考虑下述按环境影响递增列出的废物管理方案：

（1）再利用；

（2）异地再循环；

（3）破坏有害成分；

（4）减少或消除有害成分的处理；

（5）陆上、大气或水中处置。

3.2 许可主管部门如确定废物存在对人类健康和环境无不适当的风险或不产生过度费用的再利用、再循环或处置的可能性，则应拒绝颁发废物或其他物质倾倒许可证。应根据倾倒和替代方案的风险比较评价来考虑其他处置方案的实际可行性，并考虑对倾倒适用预防性方法的一般性义务和保护海洋环境免受所有污染源危害的目标。

4 废物特性表征：化学、物理和生物特性

4.1 对废物特征的详尽描述和表征是审议倾倒替代方案的重要前提，也是决定废物是否允许倾倒的依据。如废物特性表征不足以恰当评估废物对人类健康和环境的潜在影响，则不应允许倾倒该废物。

4.2 对废物及其成分的特性表征应包括下述内容：

（1）来源、总量、形态和一般组成；

（2）性质：物理、化学、生物化学和生物性质；

（3）毒性，必要时包括添加剂及废物各组分间的协同和拮抗效应；

（4）持久性：物理、化学和生物持久性；

（5）在生物体或沉积物中的富集和生物转化。

5 行动清单

5.1 行动清单为确定某物质是否允许倾倒提供筛选机制，是《96 议定书》附件 2 的重要组成部分，科学组将持续审议该清单以协助各缔约国的应用。该清单也用于评价物质是否符合《伦敦公约》附件Ⅰ和附件Ⅱ的要求。

5.2 各缔约国应制定国家行动清单，基于申请处置的废物及其组分对人类健康和海洋环境的潜在影响对废物进行筛选。在选择列入行动清单的物质时，应优先考虑人类活动产生的有毒、持久以及具有生物累积性的物质（如镉、汞、有机卤化物、石油烃类，必要时包括砷、铅、铜、锌、铍、铬、镍、钒、有机硅化合物、氰化物、氟化物和杀虫剂、非卤化有机物及其他的副产品）。行动清单还可以包括废物的其他特征，如物理特征、病原体水平、毒性以及生物富集性。行动清单还可作为进一步废物防止审查的启动机制。

5.3 行动清单应指明上限水平，也可指明下限水平。上限水平应能避免对人类健康或对海洋生态系统中有代表性的敏感海洋生物产生急性或慢性影响。行动清单可将废物分为三类：

（1）含有特定物质或造成生物反应的废物超过相应的上限水平时，若不采取必要的管理技术及工艺进行处理，则不能直接倾倒；

（2）含有特定物质或造成生物反应的废物低于相应的下限水平，其倾倒对环境影响极小；

（3）含有特定物质或造成生物反应的废物低于相应的上限水平，但高于相应的下限水平，则需进行详尽评价后决定是否允许倾倒。

5.4 各缔约国可提供行动清单及其上、下限水平的指南。如参见《疏浚物行动清单和行动水平制定指南》。

6 倾倒区选划

倾倒区选划的考虑

6.1 选划适宜的海洋倾倒区对于接收废物至关重要。

6.2 选划倾倒区需要的信息包括：

（1）水体、海床、（必要时包括）海底的物理、化学和生物特性；

（2）便利设施的位置、海洋的价值和其他用海；

（3）基于海洋环境中现有物质通量评价倾倒废物中该成分的通量；

（4）经济与作业的可行性。

6.3 海洋环境保护科学联合专家组（GESAMP）的一份报告(《海洋倾倒区选划科学标准》)以及最新出版的《废物评价指南教材》列出了有关倾倒区选划的程序指南。在选划倾倒区前，必须掌握拟选倾倒区周边海洋环境的海洋学数据。可以通过科学文献获取这些参数，同时还应进行现场调查以弥补文献资料的不足。所需信息包括：

（1）海床和海底的特性，包括地形学、地球化学与地质学特征、生物组成和活动以及影响该区域的倾倒前活动；

（2）水体的物理特性，包括温度、水深、可能存在的温度或密度跃层及其随季节和气候条件的深度变化、潮期与潮流椭圆的方向、表层和底层漂移的平均流向和流速、由风暴潮引起的底层流流速、普通风浪特征、每年平均风暴天数、悬浮物等；

（3）水体的化学和生物特性，包括 pH 值、盐度、表底层溶解氧、化学和生物需氧量、营养盐及其各种形态以及初级生产力。

6.4 在确定倾倒区具体位置时，应考虑的一些重要便利设施、生物特性和用海途径，包括：

（1）海岸线和滨海浴场；

（2）风景区或具有重要文化和历史意义的区域；

（3）特别具有科学或生物学意义的区域，如保护区；

（4）渔场；

（5）产卵场、育幼场和资源补充区；

（6）生物迁徙路径；

（7）季节性和重要栖息地；

（8）航道；

（9）军事禁区；

（10）海底工程利用情况，包括采矿、海底电缆、海水淡化、能源转换区域。

倾倒区的规模

6.5 鉴于下述原因，需着重考虑倾倒区的规模：

（1）除扩散性区域外，倾倒区的规模应足够大，保证大部分废物在倾倒后仍堆积在倾倒区内或预测影响范围内；

（2）倾倒区的规模应足够大，保证预期量的固体或液体废物倾倒后，在扩散至倾倒区边界前或至倾倒区边界时，废物的浓度被稀释接近背景水平；

（3）倾倒区的规模与预期倾倒量相比应足够大，保证倾倒区能使用数年；

（4）考虑到倾倒区监测将花费大量时间与经费，倾倒区的规模应适度。

倾倒区的容量

6.6 为评估倾倒区的容量，尤其是固体废物，应考虑下述因素：

（1）预期的日、周、月或年倾倒量；

（2）是否为扩散型倾倒区；

（3）因堆积导致的倾倒区水深减少的容许量。

如倾倒区为海底地质结构，需同时确定二氧化碳流注入区的可行性和区域的完整性。

潜在影响评估

6.7 废物倾倒增加了生物暴露，由此引起的不利影响程度是决定某种废物是否适宜在指定倾倒区进行倾倒的重要因素。在这方面，国家主管部门制定的水质标准或指导值是判断倾倒活动的影响是否可接受的衡量标尺。

6.8 对于诸多允许海洋倾倒的废物，如惰性无机地质材料和疏浚物，物理影响是显著且占主导地位的。倾倒区内的物理影响在可接受的范围内时，许可主管部门通常将倾倒区外的物理影响降至最小或消除。倾倒区外的废物沉降或随后的迁移可能对海洋底栖生物（如窒息、底栖生物多样性变化、生境改变）、沉积物输运通量和过程以及第6.4段中列出的其他用海产生物理影响，因此应对废物沉降或迁移程度予以重点关注。

6.9 某物质对生物的不利影响程度部分取决于对生物（包括人类）的暴露程度。暴露水平又尤其是污染物输入通量以及控制污染物迁移、行为、归趋和分布的物理、化学及生物作用的函数。

6.10 由于天然物质以及污染物的普遍存在，拟倾倒废物所含的全部物质对生物均存在某种程度上的预暴露，因此有害物质暴露应关注倾倒导致的额外暴露，即在考虑输入通量时，应重点关注去除其他途径的既有输入通量后，由倾倒导致的相对物质输入通量。

6.11 因此，有必要适当地考虑倾倒区周边局部和区域内由倾倒引起的相对物质通量。如可预测到倾倒活动将对自然过程产生的既有输入通量造成实质性增强，则不建议选择该区域作为倾倒区。

6.12 对于合成物质而言，倾倒活动所产生的通量和倾倒区周边区域既有通量之间的关系不适宜作为决策依据。

6.13 应考虑时间特征以确定每年不宜倾倒的潜在关键期（如对于海洋生物）。上述考虑能够确定倾倒活动影响较弱的时期，但如果此类限定条件使得倾倒任务过于繁重或花费巨大，则可采取妥协方案，优先保护那些完全不应被干扰的物种。上述生物学考虑举例如下：

（1）海洋生物和鸟类从生态系统的一部分向另一部分的迁徙期（例如，从河口到开放海域，反之亦然）、生长期与育幼期；

（2）海洋生物在沉积物上/中的冬眠期或蛰伏期；

（3）特别敏感及濒危物种的暴露期。

污染物的迁移

6.14 污染物的迁移取决于下列因素：

（1）基质类型；

（2）污染物的形态；

（3）污染物的分配；

（4）系统的物理状态，例如温度、水流、悬浮物；

（5）系统的物理化学状态；

（6）扩散范围和水平对流路径；

（7）生物活动，如生物扰动。

7 潜在影响评价

7.1 潜在影响评价应得出对海上或陆上处置方案预期后果的简明陈述，即"影响假设"，从而为决定批准或拒绝拟处置方案和明确环境监测要求提供基础。废物管理方案应立足于尽可能避免污染物在环境中的扩散和稀释，优先采取必要的技术以防止污染物进入环境。

7.2 应基于废物特性、拟选倾倒区的状况、通量和拟采取的处置技术等对倾倒活动进行综合评价，指明对人类健康、生物资源、便利设施和其他合法用海的潜在影响。同时，应基于合理的保守假设明确预期影响的性质、时间和空间范围及持续时间。

7.3 评价应尽可能全面，应首先考虑对物理环境的改变、人类健康的风险、海洋资源的价值减损以及干扰其他海洋合法利用。此外，应在许可和监测要求中视情况评价和提出长期和间接的潜在影响。

7.4 在建立"影响假设"时，应特别关注但不局限于对下述对象的潜在影响：便利设施（如漂浮物）、敏感区域（如产卵场、育幼场和索饵场）、栖息地（如生物、化学和物理方面的改变）、迁徙模式和资源的商业化程度。同时，应考虑对其他用海的潜在影响，包括渔业、航行、工程用海、海洋的其他特殊使用价值和传统用海活动。

7.5 即使是最简单和无害的废物，也存在诸多物理、化学、生物影响。"影响假设"不可能包罗万象，即使最全面的"影响假设"也不可能罗列出所有可能的情形，如难以预见的影响。因此，有必要制订与假设直接相关的监测方案，同时作为验证假设和审议对倾倒活动和倾倒区采取的管理措施是否适宜的反馈机制。识别不确定性的来源和后果也是至关重要的。

7.6 倾倒的预期后果应包括对受影响的栖息地、过程、物种、群落和用海情况的描述，同时，应描述预期影响的确切性质（如变化、响应、干扰）。应详细量化倾倒产生的影响，这样才能准确确定现场监测要测量的变量。对于后者，预测倾倒"何地""何时"会产生影响很关键。

7.7 潜在环境影响评价应重点强调生物效应、栖息地改变及物理、化学变化。然而，如因物质导致潜在影响，则应对下述因素加以解释：

（1）评估该物质在海水、沉积物、生物群中较既有条件的统计学显著增加量及关联影响；

（2）评估该物质对局部和区域物质通量的贡献以及现有通量对海洋环境或人类健康的威胁及不利影响程度。

7.8 如存在重复或多次倾倒作业，"影响假设"应考虑倾倒作业的累积影响，同时考虑与本地区正在进行或计划中的其他倾倒活动间可能的相互作用。

7.9 应根据对下述关切因素的比较评价对各处置方案进行分析：人类健康风险、环境成本、危害（包括事故）、经济和对未来用海的排他性。如评价获得的所有信息不足以确定拟处置方案的可能影响，包括潜在的长期有害后果，则不应进一步考虑该方案。此外，比较评价表明倾倒方案并非最佳方案，则不应颁发倾倒许可证。

7.10 各评价报告应给出是否支持颁发倾倒许可证的结论。

7.11 在需要开展监测时，"假设"中描述的潜在不利影响和变化应当用于指导现场和分析工作，从而能够最有效和最经济地获得相关信息。

8 监测

8.1 监测用于验证是否符合许可条件（符合性监测），以及许可证审查和倾倒区选划过程中提出的假设是否正确并足以保护环境和人类健康（现场监测）。监测方案具有清晰明确的目标很关键。

8.2 "影响假设"是设计现场监测的基础。监测方案必须能确定倾倒区内的变化在预测范围内，监测方案必须解决下述问题：

（1）从"影响假设"中可得出哪些可检验的假设？

（2）通过哪些测量（类型、位置、频率、性能要求）检验这些假设？

（3）如何管理和解释获得的数据？

8.3 通常假定倾倒申请材料中已包含拟选倾倒区的现状（处置前）的详尽说明，但如不足以得出"影响假设"，申请者应在主管部门对许可证申请作出最终决定前提供更多的资料。

8.4 许可证颁发的主管部门在制订和完善监测方案时应考虑有关的研究信息，监测可分为两类：一是预测影响范围内的监测；二是预测影响范围外的监测。

8.5 监测应能确定影响区域及影响区域外的变化程度是否与预测的不同。前者可通过布设连续（时、空）站位监测以确定空间变化不超过计划范围；后者可通过测定倾倒作业导致的影响区域外的变化程度来解决。应基于环境背景状况评估变化程度，背景状况则基于倾倒区使用前的环境状况或未受历史倾倒活动影响的周边区域的环境状况确定。这些监测通常建立在"零假设"的基础上，即未能检出任何显著变化。监测还应考虑在废物特性表征阶段确定的物理、化学和生物特性。

8.6 应根据监测方案的目标，定期对监测结果（或其他相关的研究信息）进行评价，并为下述决策提供依据：

（1）修改或终止现场监测方案；

（2）更改或吊销许可证；

（3）重新界定或关闭倾倒区，或采取其他适当的修复或减缓措施；

（4）修改废物倾倒申请的评价依据。

9　许可证及许可条件

9.1　仅当完成全部影响评估，并明确监测要求后，才可作出是否颁发许可证的决定。许可证的规定应尽可能确保倾倒活动的环境干扰和损害最小化、环境利益最大化。颁发的许可证必须附有下述数据及资料：

（1）拟倾倒物质的类型、数量和来源；

（2）倾倒区位置；

（3）倾倒的方法；

（4）监测及报告要求。

如需快速响应以应对不利影响，还需要考虑制订减缓计划的必要性。

9.2　若确定倾倒为最终处置方案，则必须事先颁发授权倾倒的许可证。建议在许可过程中提供公众审议和参与的机会。颁发许可证意味着许可主管部门接受了假定发生在倾倒区范围内的影响，如局部环境物理、化学和生物属性的改变。如提供的信息不足以确定倾倒活动是否会对人类健康或环境造成显著风险，许可证颁发的主管部门应在作出颁发许可证决定前要求补充信息。如倾倒活动显而易见将对人类健康或海洋环境产生显著风险，或提供的信息仍不足以作出决定，则不予颁发许可证。

9.3　管理者应考虑技术能力及经济、社会和政治关切，始终致力于执行相关程序以切实确保环境变化远低于容许限度。

9.4　应考虑监测结果和监测方案的目标对许可证进行定期审查。通过审查监测结果，确定现场方案是否需要延续、修改或终止，并有助于对许可证作出延续、修改或吊销的知情决定。定期审查也是保护人类健康和海洋环境的重要反馈机制。

9.5　在确定许可证及其他支持性证明文件合适的保有时段时，应当考虑潜在影响的持续时间。

疏浚物评价指南[①]

前言

疏浚物专项评价指南适用于国家主管部门对海洋倾倒活动的管理，为主管部门依据《伦敦公约》或《96 议定书》的要求评价废物倾倒申请提供指导。《96 议定书》附件 2 强调通过疏浚物的有益利用等方式逐渐减少利用海上处置废物的需求。此外，《96 议定书》附件 2 认为，避免污染需严格控制污染物的释放和扩散，并通过科学程序选择合适的废物处置方案。应用本指南时，通过在评价程序中运用迭代方法以及在管理中使用预防方法能够应对海洋环境影响评价中的不确定性。指南对个案处置的接受并不免除国家进一步努力降低倾倒必要性的义务。[②]

依据《96 议定书》，除明确列入附件 1 的物质外，禁止倾倒废物或其他物质。因此，在《96 议定书》背景下，本指南适用于附件 1 所列的物质。《伦敦公约》禁止倾倒特定的废物或其他物质，因而本指南适用于《伦敦公约》附件未禁止倾倒的废物。在《伦敦公约》背景下应用本指南时，不应将其作为重新考虑倾倒附件 Ⅰ 所禁止的废物或其他物质的工具。

本指南专门针对疏浚物编写，2013 年由《伦敦公约》第 35 次缔约国协商会议暨《96 议定书》第 8 次缔约当事国会议通过。本指南更新并取代了 2000 年由第 22 次协商会议通过的指南。2000 年的指南基于 1997 年的通用指南而编订并取代了 1995 年由第 18 次协商会议通过的"疏浚物评价框架"〔LC. 52（18）〕。1995 年的评价框架取代了 1986 年由第 10 次协商会议通过的"应用附件处置疏浚物的指南"〔LDC. 23（10）〕。

本指南旨在为遵守《96 议定书》附件 2 而提供进一步的说明，既不严于也不宽于附件 2 的规定。

1　引言

1.1　沉积物是淡水、河口与海洋生态系统的重要组成部分。沉积过程在决定水体系统的结构与功能中扮演着重要角色。因而，与人类活动相关的沉积物管理进程应当将沉积物视为一种重要的自然资源。

[①]　疏浚物专项评价指南修订版。

[②]　《96 议定书》第 3.1 条。

1.2 从全球范围来看，沉积物疏浚有以下几个一般性目的：

（1）支持水体基础设施的开发与维护（例如，航道系统、防洪设施、供水系统等）；

（2）作为污染沉积物区域整治措施的一部分；

（3）恢复水体生态系统的结构和功能（例如，通过修复或建造栖息地）。

在这些活动中移出的一些物质可能需要海上处置。

1.3 疏浚物主要由自然沉积物（例如，岩石、砂、淤泥、黏土、天然有机物）组成。疏浚物的妥善管理，包括其最终用途或处置，要受到许多工程与特定位置因素的影响，包括疏浚工程的选址、沉积物的岩土特征、当前的污染程度、潜在的环境影响、工程的限制因素、监测活动及成本。

总体原则

1.4 应当用三个总体原则指导与疏浚物管理（包括海上处置）相关的规划和许可活动，包括海上处置，与《96议定书》和《伦敦公约》保护和维护海洋环境的目的保持一致：

（1）疏浚的沉积物是一种资源，在不违背公约与议定书宗旨且环境、技术与经济可行时，应当用于有益利用（第3.3段与第3.4段），将其作为海上处置的替代方案。

（2）"对倾倒和其替代方案所作的风险比较评价"（《96议定书》附件2第6段）应当用于指导疏浚物管理方案的选择。评价应当比较环境风险，对经济、社会和环境的利益，短期与长期时间尺度下各备选管理方案的成本。

（3）疏浚物的管理措施应当"尽可能确保倾倒活动的环境干扰和损害最小化、利益最大化"（《96议定书》附件2第17段）。

疏浚活动概述以及评价和管理程序

1.5 一些疏浚活动需要迁移或处置沉积物。在确定疏浚物管理方案时，疏浚活动的主要目的可作为考虑因素。疏浚目的包括：

以开发和维护水体基础设施为目的的疏浚

（1）基建性疏浚（或净疏浚）：为航行之目的，它包括扩建、新建航道或港口区；为工程之目的，它包括为管道、电缆、沉管隧道挖掘沟槽，移除不适合用作地基或集料回收的物质；为水利之目的，它用于增加水路流量。

（2）维护性疏浚：它用于清理航道、锚地或建筑工程等，确保其符合设计标准。

（3）支持海岸保护或管理的疏浚：迁移沉积物，用于人工育滩、堤坝建造等。

以修复为目的的疏浚

（4）环境疏浚：移除污染沉积物，降低其对人类健康与环境的风险；建造水下封闭处置单元，容纳污染沉积物。

以恢复水体生态系统结构和功能为目的的疏浚

（5）恢复性疏浚：恢复或建造环境地貌或栖息地，建立生态系统的功能、效益与服务，如湿地建造、岛屿栖息地建造或养育、离岸礁与增渔地貌的建造，等等。

（6）支持局部与区域沉积过程的疏浚：包括减少沉积的工程（例如，沉积阱的建造），将沉积物保留在自然沉积物系统中以支持基于沉积物的栖息地、海岸线和基础设施。

1.6 总的来说，疏浚项目应当在更广泛的流域与区域沉积物系统中予以考虑。理想的情况是，疏浚以及相关的沉积物管理工程应当致力于优化经济效益、生态系统服务和社会目标的产出，同时确保海洋环境得到保护。在 PIANC（2011）"Working with Nature"的倡议中可以找到该方法原理的例证。这种方法从工程伊始便具有广泛的利益相关者参与，目的是识别潜在隐患、发现那些避免环境遭受不利影响的机会、探寻将生态系统的额外效益与服务纳入工程设计的方式。这种工程规划与实施的方法能够简化许可程序，同时又使环境损害最小化、环境效益最大化。

1.7 上述疏浚活动可能产生需要海上处置的疏浚物。在全球疏浚物中，绝大多数的成分与内陆和沿海水域中未受干扰的沉积物相似。然而，某些沉积物受到人类活动的污染，在考虑处置或使用这些沉积物时，需要采取相应的管理措施。

1.8 《伦敦公约》/《96 议定书》网站发布了培训教程集（LC/LP 2007，http：//www.imo.org/blast/mainframemenu.asp？topic_id=1654）以辅助本指南的实施，包括教程手册、教员指南、电子幻灯片、评价疏浚物处置的低技术拓展指南等内容。培训教程集对指南的重点内容作了解释，提供了过去 30 多年缔约国管理海洋倾倒的经验（LC/LP 2007；LC/LP 2011）。此外，Fredette（2005）收录了本指南的应用范例。

1.9 图 2 的应用流程图展示了应用本指南应作出重要决策的各环节。一般来说，国家管理部门应当以迭代方式（必要时重复考虑程序中的环节）运用此流程图，确保作出许可决定前考虑所有步骤。下文描述了与本指南相关的环节与活动。

2 废物防止审查

2.1 对疏浚物来说，废物管理的目标是识别并控制污染源，包括以实施废物防止策略的方式来实现该目标。在目标未实现之前，可在海上或陆上使用处置管理技术应对污染疏浚物的问题。对于沉积物管理，可通过以下活动降低对海洋环境的损害效应、减少海上处置疏浚物的需求：

（1）控制并减少水体和沉积物的污染源；

（2）切实最大化地对疏浚沉积物开展有益利用；

（3）通过完善工程实践，将必须进行疏浚的沉积物量降至最小程度。

2.2 人们逐渐认可在沿海系统的沉积物管理中应用可持续方法的必要性，可持续方法强调污染物环境释放最小化、沉积物有益利用最大化的必要性。在公约与议定书部分缔约国和观察员的倡议中可以找到实现可持续沉积物管理的进展案例，包括美国的 Regional Sediment Management Program[1]、Working with Nature（PIANC，2011）、Building with Nature[2]、Engineering with Nature[3] 等。

2.3 在疏浚作业中采取最佳的工程与作业措施有助于将必须进行疏浚和海上处置

---

[1] 参考美国陆军工程兵团，Regional Sediment Management Program：http：//rsm.usace.army.mil/。

[2] 参考 EcoShape，Building with Nature（http：//www.ecoshape.nl/）。

[3] 参考美国陆军工程兵团，Engineering with Nature：http：//www.EngineeringWithNature.org。

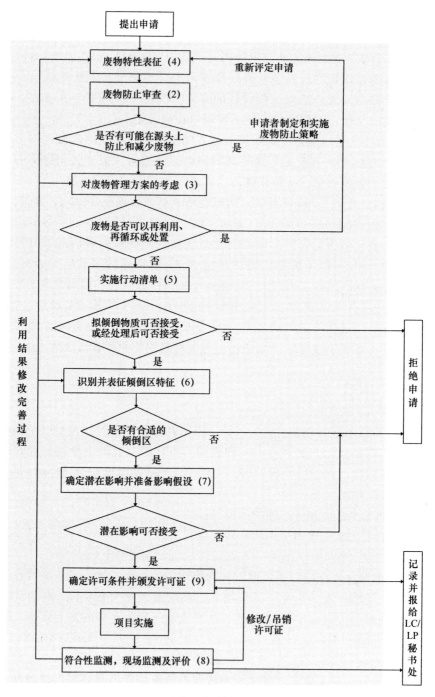

图 2　评估框架

16

的沉积物量降至最小，并降低疏浚活动对环境的影响（PIANC，2009）。这些措施包括改良的土地使用管理、利用工程手段减少航道沉积、精确的调查系统、使用最合适的疏浚设备与技术和监测技术来完善疏浚进程等。

2.4 沉积物是重要的自然资源，应在最大程度上切实做到沉积物的有益利用（第3.3 段和第 3.4 段作了进一步论述）。沉积物的有益利用包括将清洁沉积物保留在支持水体、河口和海洋系统的自然沉积物过程和循环之中。

2.5 水环境和沉积物环境的污染能够影响环境、增加疏浚物的管理成本、降低有益利用的可能性。对疏浚物来说，废物管理的附加目标应是识别、控制并减少沉积物资源的污染源。

1）历史与当前输入导致的水体环境污染为沉积物管理带来了难题。应当优先识别污染源，并减少和防止点源和非点源对沉积物的进一步污染。污染源包括：

（1）工业与生活排水；

（2）雨水；

（3）农业用地的地表径流；

（4）污水和废水处理厂出水；

（5）上游污染沉积物的输运。

2）相关机构在制定与实施污染源控制策略时应当考虑：

（1）污染物导致的风险以及单个污染源对风险的相对贡献；

（2）现行的污染源控制项目以及其他法律法规要求；

（3）技术与经济的可行性；

（4）对措施的执行或有效性进行评价；

（5）不实施污染源控制的后果。

3）若存在历史性污染或控制措施无法完全有效地将污染减至可接受的水平，则需要使用包括封闭或处理方法在内的风险管理方法和技术。

4）废物防止策略的成功实施需要负责污染源控制的各个机构进行合作。各国对污染源控制的重视能够带来进步，莱茵河行动计划[①]就是一个例证。

2.6 一般而言，如废物审查表明存在废物源头防止的可能性，则申请人应与有关地方和国家机构合作，制定和实施废物防止策略，包括具体的废物减量目标以及为确保实现这些目标而做进一步废物防止审查的规定。许可证的颁发和更新决定应确保符合任何由此产生的减少和防止废物的要求。[②]

3 对疏浚物管理方案的评估

3.1 物理、化学和生物的特性表征（第 4 部分）结果是疏浚物管理方案比较评价的基础，包括判定疏浚物是否适合海上处置。在评价管理方案时，应当整体考虑疏浚

---

① http://www.iksr.org/index.php? id=258&L=3&pdf.

② 《96 议定书》附件 2 第 3 段。

地所在的系统，在更广的范围内考虑方案的潜在影响。疏浚物管理方案的范围可以包括：

（1）有益利用；

（2）陆上封闭处置，如在封闭处置设施或垃圾填埋场中处置；

（3）水下封闭处置，也即在水体环境中将清洁沉积物盖于其上进行封闭；

（4）开阔水域处置；

（5）不采取行动，即让沉积物处于原位，不开展疏浚和管理活动。

上述五个方案的实施过程中，可以兼用物理、化学或生物手段处理疏浚物，以减少或控制其对环境的影响，防止对人类健康造成不可接受的风险、损害生物资源、破坏舒适度、干扰合法用海活动等。

许可主管部门如确定存在对人类健康和环境无不适当的风险或不产生过度费用的再利用、再循环或处置废物的可能性，则应拒绝颁发废物或其他物质倾倒许可证[①]。应根据倾倒和替代方案的风险比较评价来考虑其他处置方法方案的实际可行性。

3.2 开展比较风险评价要利用一套相关标准来比较备选的管理方案，这些标准是工程规划的组成部分。《96议定书》附件2第14段列出的事项应在选定标准时予以考虑：

（1）人类健康风险（例如，因食用被污染的鱼类引起风险）；

（2）环境代价（即负面影响，如沉积物毒性会影响底栖生物的生产与生物多样性）；

（3）危险（例如，航道或处置区的通航深度未维护可能引发航行事故）；

（4）经济（例如，备选管理方案的相对货币成本）；

（5）未来用海的妨碍（例如，对附近渔业资源或娱乐用海的不利影响）。

应通过为每个方案收集与选定标准相关的信息来开展比较风险评价。利用这些信息比较备选方案有助于选出可用的管理方案。疏浚物比较评价的其他技术信息和案例也已发表在科学文献上（Kane-Driscoll et al.，2002；Cura et al.，2004；Kiker et al.，2008）。通过从长远角度对环境、社会与经济的考虑和目标作出利弊权衡，比较分析结果用以支持可持续实践并有助于作出经得起检验的管理决策。

有益利用

3.3 将沉积物视为一种重要资源，并考虑沉积物的物理、化学和生物特性来探寻疏浚物有益利用的机会是非常重要的（PIANC，2009）。一般地，根据本指南作出的特征描述足以判定疏浚物在水中、海岸线、陆上的有益利用途径。有益利用途径举例如下：

1）水中

（1）栖息地恢复与发展　通过直接放置疏浚沉积物以改善或恢复湿地、其他近岸栖息地、沿海地貌、离岸礁、渔业增殖等相关的生态系统栖息地。

（2）可持续迁移　将沉积物维持在自然沉积物系统中以支持基于沉积物的栖息地、

---

① 《96议定书》附件2第6段。

海岸线和基础设施。

2）海岸线

（3）人工育滩　利用疏浚物（主要是砂状物质）恢复和保养海滩。

（4）海岸线的稳固与保护　放置疏浚物以维护或新建防侵蚀工程、坝区保养工程、护堤建筑工程以及侵蚀控制工程。

3）陆上

（5）土壤或废物的工程盖帽　如垃圾填埋场的掩盖或废旧矿址的修复（这种有益利用途径同样适用于水体环境中污染沉积物的盖帽）。

（6）水产养殖、农业、林业和园艺　直接放置疏浚物以新建或维护水产养殖设施，替代被侵蚀的表层土，增加高度以改善场地使用，或者改良土地的物理和化学特性。

（7）休闲业发展　直接放置疏浚物作为公园和休闲设施的地基。例如，滨水公园可以提供游泳、露营、划船等休闲活动。

（8）商业用地开发（也称为开垦）　直接放置疏浚沉积物，支持商业或工业开发活动，包括"棕色地带"的复垦以及海港、机场、居民区的开发。这些活动一般靠近航道，通过扩大土地面积或填充岸堤的稳固材料来实现。

（9）商业产品开发　利用疏浚物生产建筑材料等可售产品，如砖块、集料、水泥、表层土，等等。

3.4　与有益利用的工程规划和实施有关的因素包括（USACE，1987；USEPA/USACE，2007）：

（1）工程考虑因素，如沉积物的地质技术特征；

（2）作业因素，如时间安排和工程计划；

（3）成本，如沉积物的运输费用以及其他的操作或处理费用；

（4）环境适合性，如相关的沉积物搬运和沉积物化学、生物、物理特性；

（5）额外环境效应，如因操作或前处理（如果必要的话）产生的额外环境效应；

（6）产生的环境效益，如生态系统服务[①]、栖息地和渔业资源福利、新建的具有碳汇功能的栖息地或生态系统（Nellemann et al.，2009）。

有关疏浚物有益利用的其他信息（包括案例研究）可参考美国陆军工程兵团的"疏浚作业技术支持项目"网站[②]，美国陆军工程兵团与美国环保署资助的疏浚物有益利用网站[③]以及中央疏浚协会网站[④]。PIANC（2009）提供了有关评价有益利用方案的技术信息，并对如何克服限制因素提出了建议，这些建议是从研究各国不同情形的大量案例形成的"经验学习"中得出的。

[①]　http：//www. unep. org/maweb/en/Framework. aspx.

[②]　United States Army Corps of Engineers' Dredging Operations Technical Support Program：http：//el. erdc. usace. army. mil/dots/.

[③]　U. S. Army Corps of Engineers and U. S. Environmental Protection Agency Beneficial Uses of DredgedMaterial：http：//el. erdc. usace. army. mil/dots/budm/budm. cfm.

[④]　Central Dredging Association：http：//www. dredging. org.

海上处置管理

3.5 疏浚物的特性表征（第4部分）和管理方案的比较分析结果可以为疏浚作业的设计和实施提供相关支撑信息。分析结果可能表明需要在处置作业中采取特定的管理措施和技术以符合公约与议定书的要求。这种管理措施可以将影响减少或控制在一定水平以内，使得海上处置不会对人类健康造成不可接受的风险，不会损害生物资源，不会破坏便利设施，也不会干扰合法的用海活动。在工程规划中评价这些额外的管理技术可以指导方法的选择，使用这些方法能够将风险和影响降至可接受的水平之内（USEPA/USACE，2004；USACE Engineer Manual 1110 - 2 - 5025；CEDA & IADC，2008）。用于最小化环境干扰和损害的管理措施包括工程与作业控制：

1）工程控制 包括对疏浚或处置设备应用物理施工技术或物理改性将其环境影响最小化。工程控制案例包括：

（1）选择最合适的疏浚设备（例如，选择铲斗式还是吸泥式疏浚机，疏浚机的尺寸和生产能力，这会影响处置作业中疏浚物的物理密度、行为和输运）；

（2）利用扩散器进行水下卸泥，利用隔泥幕限制疏浚物在水体中的迁移和混合；

（3）使用防海龟疏浚机头保护大型海洋动物；

（4）处理疏浚物（例如，粗、细沉积物的物理分离、使用改良剂稳定污染物，与海水或底沉积物混合时利用疏浚中物质的地球化学相互作用和转化）；

（5）使用盖帽技术在水下进行封闭处置（CAD）。

2）作业控制 疏浚作业者改变条件或过程，减少疏浚和处置操作造成的环境暴露与风险。作业控制举例包括：

（1）合理计划作业，避免影响生物体的繁殖或迁移；

（2）调整处置作业的时间安排（例如，在潮汐周期或河流输入的特定时间段内作业能够减少再悬浮沉积物的扩散范围）；

（3）调整疏浚物的倾倒频率；

（4）选取处置区，或在选定的处置区内挑选卸泥地点；

（5）依据现场监测调整作业（例如，悬浮沉积物监测、浊度、光衰减）；

（6）使用传感系统和观测装置检查疏浚作业附近是否存在海龟和哺乳动物。

3.6 工程与作业控制可作为规划、设计、评价处置作业管理方案备选的考虑因素，且应在短、长期时间尺度上遵守公约或议定书的规定。此类工程与作业控制要受具体的选址条件制约。

3.7 水下封闭处置（CAD）是一种最常见的污染疏浚物工程控制方法，该方法已在世界各地多次成功应用（Palmerton et al.，2002；Fredette，2006；Wolf et al.，2006，DEFRA，2009；USACE，2012）。CAD技术要求先将疏浚物放置于底部，然后在其上覆盖一层清洁沉积物。Palermo等（1998）为CAD作业的使用和管理提供了详细的工程指导。可以利用CAD技术将污染疏浚物：

（1）置于海底的洼地或深坑（例如，专用矿井、废旧取土场或骨料挖掘地、自然洼地）之中，然后将清洁沉积物盖于其上；

（2）置于没入水下的清洁疏浚物护堤后方，然后盖帽；

（3）置于平底处，然后覆盖清洁沉积物，形成土丘。

应用 CAD 技术的工程设计应当考虑可能影响盖帽长期效果和稳定性的物理与环境过程（例如，普通潮流、风暴潮、狂浪等）。Palermo 等（1998）收录了盖帽工程的监测技术以及世界若干盖帽工程的案例研究。

4 疏浚物特性表征

疏浚物的表征与评价

4.1 评价疏浚物的特性是为管理层决策收集信息，以确定是否允许疏浚物进行海上处置，或在何种状况下允许海上处置。通过收集其物理、化学以及生物性质的相关信息表征疏浚物的特性。根据疏浚项目的性质和比较评估中的管理方案确定所需的具体数据。

4.2 疏浚物评价通常是通过层级方法开展，首先是收集现有的相关信息、沉积物化学数据，以及简单筛选方法的结果。其后，根据需求进一步开展更为详细的评价，评价过程通过收集多重证据在疏浚物海上处置的污染物暴露、影响以及最终风险等方面得出结论（PIANC, 2006a；LC/LP, 2007；LC/LP, 2011）。所谓的"证据"通常涉及较为广义的信息，包含物理、化学、生物数据，如沉积物化学性质、毒性检验数据以及底栖生物群落调查结果。

4.3 评价的初级层次是一个规划阶段，这个阶段主要是确定评价目标，建立项目的概念模型，确定评价时的问题和假设，并在随后的分析中进行验证。其后，收集现有的信息，包括疏浚物的物理、化学和生物特性，并将其与指南或标准进行比较；比较结果可能得出疏浚物潜在风险评价的初步结论。如果在评价最初阶段可用于疏浚物管理决策的信息不足，则将继续收集关于沉积物的物理、化学和生物特性的更多信息，直至有足够的信息用来识别比较评价中各管理方案的风险和效益。层级评价分层的方法是迭代方法，一个层级的信息不仅可指导下一层级，必要时还可对上一层级的结论进行复议（PIANC, 2006a；CEDA&IADC, 2008）。

4.4 在项目规划阶段，建立项目概念模型对于确定评价中要建立和评估的关键过程和数据尤为重要，可根据项目需求确定建立概念模型应投入的水平。概念模型是一种文字描述或图示，用来显示环境中的受体或资源（如动物、植物、人类，诸如航海的人类活动）与疏浚和处置操作过程中的影响源头两者间的预期关系。概念模型作为一种规划和决策的支持工具可以帮助疏浚物管理人员、风险评价专家和监管人员界定项目的关键要素、关注的污染物、环境中可能暴露的和受项目不利影响的敏感生物体或活动（如鱼、水鸟、人类以及商业性捕鱼），以及可能导致潜在风险的过程和暴露途径。关于概念模型及其在疏浚评价中应用的更多信息包括实例见 PIANC（2006a），Cura 等（1999）和 Bridges 等（2005）。

4.5 图 3 是用于沉积物评价的概念模型图示，其列出沉积物评价过程中与沉积物有关的重要污染物（PIANC, 2006b；Bridges et al., 2005）。在这个例子中，预计环境中的受体通过以下三条主要途径与疏浚污染物接触：

（1）与底层沉积物颗粒接触；

（2）通过与被沉积物污染的水的接触；

（3）通过与食物链富集的污染物接触。

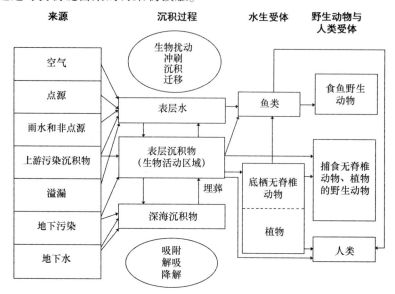

图3　关于沉积物污染评价进程和途径的概念模型图例（PIANC，2006b）

4.6　建立概念模型的过程，包括比较评价所考虑的一系列管理方案将指导确定评估过程所需的多重证据，得出操作风险的结论，评估可采取的减少这些风险的管理行动的价值，并建立许可证要求。所开展的风险比较评价中，涉及物理、化学和生物特性表征过程开发的数据和逻辑的多重证据将用于评价各方案对海洋环境和便利设施的风险。评价过程通过建立多重证据解决项目的合理设计和许可决策得出过程中所需回答的假设和评价问题。Bridges 等（2005）和 PIANC（2006b）对利用证据对沉积物进行评价作了详尽的技术讨论。

4.7　表征和评价过程主要包括三方面的证据，即物理、化学和生物方面。在表征过程中，应根据具体项目制定收集和分析数据的说明清单。该说明应解释这些数据能表征疏浚沉积物的何种性质，以及如何将这些信息应用于管理决策中（PIANC，1998）。拟选划的倾倒区采集的沉积物样本应能代表疏浚物的垂直和水平分布及其性质的多样性——关于疏浚物采样的更多技术指南可以从国际海事组织获得（2005）。

4.8　为获取足够的信息用于支持选取疏浚物管理的最佳方案，通常通过迭代方式提出证据。如针对一些管理方案，通过适当重复疏浚物评价框架中的步骤（图2）、并在一系列阶段或步骤中开发数据，可有效解决关键的不确定性（PIANC，2006a）。应不断收集和分析数据以及相关证据，直至有足够的信息得到明确的结论，即选择的备选管理方案，包括海上处置不会对人类健康或环境产生显著不利影响。

物理特性表征

4.9　疏浚沉积物物理特性的评价可用于确定是否有必要开展化学和（或）生物学

实验以及协助管理方案的评估。基本物理表征要素包括沉积物数量、粒度分布和其他岩土属性（如固体的比重），这些数据对于判断沉积物作为污染物载体的可能性、预测沉积物在放置或处置期间及之后的行为、归趋和迁移（结合海流、波浪等信息）具有重要作用。

化学特性表征

4.10 在现有资料中可获取化学特性表征详细信息的情况下，可能不需要新的检测来衡量类似地点、类似物质的潜在影响，应考虑距上次分析间隔的时间，因为在这段时间存放在系统中的污染物的来源和数量导致某些管理方案不适宜。

4.11 疏浚物化学表征的设计和实施包括但不限于以下方面：

（1）沉积物主要的地球化学特性，包括氧化还原状态；

（2）污染物合理进入沉积环境的潜在途径；

（3）对沉积物化学特性表征的历史数据和对该材料或附近其他相似材料的其他测试数据，并且能够证明这些数据仍然可靠；

（4）由农业和城市地表径流引起污染的可能性；

（5）疏浚区域污染物的溢出；

（6）工业和生活污染物质的排放情况（历史和现状）；

（7）疏浚物的来源和疏浚物之前的利用情况（例如，海滩维护）；

（8）矿物质或其他天然物质的实际堆积情况。

4.12 关注的污染物可包括以下类别（LC/LP，2007）：

（1）重金属元素；

（2）多环芳烃（PAH）；

（3）杀虫剂（如TBT）；

（4）氯化有机物。

4.13 沉积物的化学特征也可以考虑暴露过程的生物利用性。生物利用性即"能够被吸收并可用于生物体的代谢过程"（USEPA，2004）。沉积物中能够引起人类和生态受体毒性的污染物生物可利用性浓度，通常低于这些污染物在沉积物中的总浓度。许多化学过程可以限制污染物的生物利用性，如污染物和不同形式有机碳之间的结合。

（1）生物利用性的考虑可以列入管理方案的比较评价中，以便准确了解潜在风险和影响，并确定可以采取的降低对人类健康和环境风险的管理措施（Interstate Technology & Regulatory Council，2011）。

（2）影响生物利用性的理化因素会因污染物的化学属性而有所不同，也包括在水体和沉积物氧化还原条件、沉积物中的有机碳量、有机碳的存在形式，以及随着时间的推移影响沉积物地球化学状态的因素（如生物扰动作用、沉积物基质的物理干扰等）（NRC，2003；温宁等，2005；CEDA & IADC，2008）。

生物影响表征

4.14 生物数据为评价包括海上处置在内的疏浚物管理相关的潜在环境影响提供了第三种可能的证据。通过使用毒性检验直接评价和使用由物理和化学的证据得到的推论间接评价潜在生物影响。然而，沉积物是一种化学和物理上复杂的基质，这种复杂性限制了单独利用物理和化学数据对沉积物中存在的污染物开展生物利用性和毒性评价。

4.15 生物试验为衡量污染物的生物利用性、生物累积性和毒理学效应（如死亡率，降低增长）提供了一种手段。毒性试验提供了一个综合函数，该函数考虑了各类生物可利用的污染物累积对生物体造成的不利影响，包括那些化学分析无法量化的污染物。

4.16 为了使生物表征能够提供充分的科学基础来评价疏浚物处置对海洋生物、人类健康和环境产生的潜在不利影响，评价应根据项目建立的概念模型作出回应，如疏浚操作过程出现已知的物种、倾倒区以及可能导致不利影响的过程和途径。

4.17 生物试验应该采用适当敏感和与生态相关的物种（针对正在考虑的管理地点）。与特性表征过程中收集到的所有数据一样，生物试验应该选用有代表性的疏浚项目材料作为沉积物样品。与生物特性有关的影响和过程，包含由污染物在食物链中的生物积累和迁移所引起的直接毒性和间接影响。在倾倒区现场或附近特定的过程和效应包括潜在的：

（1）急性毒性；

（2）慢性毒性，如长期亚致死效应；

（3）生物积累；

（4）被感染。

用疏浚材料进行生物测试和这些数据在决策中应用的进一步信息和实例见 PIANC（2006a）和 USEPA/USACE（1991，1998）。

详细表征的豁免

4.18 如果有强有力的证据（例如，历史数据、缺乏污染物来源等）证明疏浚物没有被污染并且符合以下所列一项或多项条件，则可豁免第 4.10 段和第 4.17 段所描述的完整的化学和生物特性表征：

（1）疏浚物的疏浚区在空间上远离现有和有历史记载的污染源，由此可确定疏浚物未受污染；

（2）疏浚物主要是由沙、砂砾和岩石组成；

（3）疏浚物是由未经人类干扰过的地质材料组成。

如疏浚物不符合上述条件之一，则应该进行进一步的所有特性表征，以确定其产生的潜在污染物效应。

5 行动清单

建立行动清单

5.1 各缔约国应制定国家行动清单，基于申请处置的废物及其组分对人类健康和海洋环境的潜在影响对废物进行筛选。该行动清单提供了一个判断疏浚沉积物是否可以海上处置的机制，并且《96 议定书》附件 2 也对其作出了明确要求。

5.2 疏浚物行动清单是表明疏浚物特性（如物理、化学、生物），包括如何进行监测（如浓度）及相关效应水平（如基准）的清单或详细目录，行动清单是管理部门作出许可决策的重点考虑因素。2009年国际海事组织对行动清单和水平的制定提供了详细的指导。

5.3 为制定行动清单，缔约方应该考虑疏浚材料的处置会对环境条件产生哪些影响，以及需保护哪些生态资产和海洋资源，这一过程主要依据行动清单中疏浚物的物理、化学或生物特性。通过考察疏浚物中相关的污染物来源和审查先前的疏浚物特性表征（即第4部分）期间收集的信息，我们能够对其化学、生物或物理特性进行识别。对于疏浚物，应建立以污染物浓度基线、生物响应、环境质量标准、通量考虑或其他参考值（国际海事组织，2009）为基础的国家行动水平。在考虑是否将某化学物质列入行动清单时，应优先考虑源于人类活动的有毒、持久的以及生物对其有积累作用的物质（例如，镉、汞、有机卤化物、石油、烃类化合物，必要时包括砷、铅、铜、锌、铍、铬、镍、钒、有机硅类化合物、氰化物、氟化物和杀虫剂、非卤化有机物及其他副产品）①。行动清单除了用于作出许可决策，还可以作为识别确定污染源控制需求以防止沉积物污染的启动机制。

5.4 为制定行动水平，应针对行动清单上各特征值设置基准，这些基准是用来确定相关环境对特定的特征值来说是相对低的或高的。通常使用以参照为基础的方法或以效应为基础的方法来判断：

（1）在以参照为基础的方法中，物理、化学或生物学特征值的基准是以过去没有产生不良影响的处置活动和无其他污染源区域的背景材料和可比较区域的相关条件来设置的。以参照为基础水平的方法，通常用于设置较低的基准和较低的行动水平（第5.6段），相似的背景水平不太会引起不可接受的影响。

（2）在以效应为基础的方法中，物理、化学或生物学特征值的基准是以暴露于疏浚物中所产生影响的认识为基础的。这些基线可能基于有关影响的可能性或程度的信息，比如通过使用毒性检验（PIANC，2006 a）。

5.5 行动清单作为一个功能性决策工具，通过整合相关的特征（清单）和基准（水平）形成决策准则。对单一基准来说这个决策准则就是一个简单的是/否通过的标准，而在多个基准的方法中整合多条证据可能是更加复杂的准则（国际海事组织，2009）。

5.6 行动清单应指明上限，也可指明下限。确定的上限水平应能避免对人类健康或对海洋生态系统中有代表性的敏感海洋生物产生急性或慢性效应②。行动清单大致将疏浚物分为三类：

（1）含有特定物质的或可造成生物响应的疏浚物，当其含量超过相应的上限水平时，采取必要的管理技术和工艺进行处理将风险降低到可接受的水平，否则不能直接进行海上处置。上文第3.5段至第3.7段列出了关于符合《伦敦公约》和《96议定书》要求可开展降低风险的管理行动的讨论。

---

① 议定书附件2，第9段。
② 议定书附件2，第10段。

（2）含有特定物质的或可造成生物响应的疏浚物，当其含量低于相应的下限水平时，则其海上处置基本对环境不产生影响。

（3）含有特定物质的或可造成生物响应的疏浚物，其浓度超过相应的下限水平，但高于相应的上限水平，则在决定是否可考虑海上处置前，需对其作出更为详细的评价。

6 倾倒区选划

倾倒区选划的考虑

6.1 选划适宜的疏浚物倾倒区至关重要，下文中讨论了诸多选择适宜倾倒区的影响因素。

6.2 选划倾倒区需要的信息包括：

（1）水体和海床的物理、化学和生物特性；

（2）便利设施的位置、海洋的价值和其他用海（如靠近航道、航线、垂钓区等）；

（3）基于海洋环境中现有物质通量评价倾倒废物中该成分的通量；

（4）经济与作业的可行性。[①]

6.3 选划和管理倾倒区还应考虑大规模过程，如气候变化（例如，未来的风暴和波浪条件影响泥沙运动）（PIANC，2008a，2008b；CEDA，2012）。

6.4 在选划倾倒区前，必须掌握拟选倾倒区周边海洋环境的海洋学数据。可以通过科学文献获取这些参数，同时还应进行现场调查以弥补文献资料的不足。所需信息包括：

（1）海底的特性，包括水深、地形学、地球化学与地质学特征、生物组成和活动以及影响该区域的倾倒前的活动；

（2）水体的物理特性，包括温度、可能存在的垂直分层、潮汐、表层和底层流速、风浪特征、悬浮物，以及由于风暴或季节性模式等过程中的变化；

（3）水体的化学和生物特性，包括 pH 值、盐度、表底层溶解氧、化学和生物需氧量、营养盐及其各种形态以及初级生产力。

除其他选划因素外，这些监测数据将提供疏浚物的短期和长期归趋的相关信息（如在什么情况下疏浚物会从倾倒区中迁移出去）。

6.5 在确定倾倒区具体位置时，应考虑区域内的重要景观、生物特性和其他用海，包括：

（1）海岸线和滨海浴场；

（2）风景区或具有重要文化和历史意义的区域；

（3）特别具有科学或生物学意义的区域，如保护区；

（4）渔场；

（5）休闲区，如潜水区；

---

① 议定书附件2，第11段。

（6）产卵场、育幼场和资源补充区；

（7）生物迁徙路径；

（8）季节性和关键栖息地；

（9）航道；

（10）军事禁区；

（11）海底工程利用情况，包括采矿、海底电缆、海底管道、海水淡化、能源转换区域。

倾倒区的规模

6.6 倾倒区的规模是选划倾倒区时需着重考虑的一个因素。倾倒区的规模应足够大：

（1）这样使得大量的废物在处置后仍然滞留在倾倒区内或在预期的影响范围内可找到它们的归宿；除非认定它是一个扩散型海区，否则规模应足以将疏浚物堆积程度降至最低。

（2）以容纳预期的疏浚物量，使疏浚物或任何污染成分数量在到达倾倒区边界时含量低于相关水平。

（3）考虑预期的倾倒量，保证处置区使用期间其功能的利用，包括考虑供多个项目使用。

然而，考虑到符合性和现场监测将需要大量的时间和资源，倾倒区的规模应适度。

倾倒区的容量

6.7 在评价倾倒区域的容量，下述因素应加以考虑：

（1）预期的日、周、月或年倾倒量；

（2）拟倾倒区域的扩散程度；

（3）因疏浚物堆积导致倾倒区水深减少的容许量；

（4）疏浚操作中引入疏浚物的水分导致的体积变化；

（5）疏浚物和底层海床固化作用导致的体积变化。

潜在影响

6.8 废物倾倒增加了生物暴露，由此引起的不利影响程度是决定某种废物是否适于在指定倾倒区进行倾倒的重要因素。

6.9 某物质或条件对生物的不利影响程度是对生物（包括人类）的暴露和这些生物体对该物质或条件敏感性的函数。暴露水平又尤其是污染物输入通量以及控制污染物迁移、行为、归趋和分布的物理、化学及生物作用的函数。

6.10 评价疏浚物中污染物的潜在暴露性包括污染物的迁移过程，这取决于如下因素：

（1）基质类型；

（2）污染物的形态；

（3）污染物的分配；

（4）体系的物理状态，如温度、水流、悬浮物；

（5）体系的物理化学状态；

（6）扩散范围和水平对流路径；

（7）生物活动，如生物扰动；

（8）处置方法；

（9）工程和操作控制，包括防护措施。

6.11 由于天然物质以及污染物的普遍存在，拟处置疏浚物中所含的全部物质对生物均存在某种程度上的预暴露，因此有害物质暴露应关注倾倒导致的额外暴露。

6.12 在确定适宜的倾倒区时，也应该考虑疏浚和处置活动潜在的物理影响。影响因素可能有以下几个方面：

（1）海上处置的沉积物与倾倒区不同以及海底地形的变化导致对栖息地产生破坏或改变；

（2）倾倒区悬浮沉积物向敏感区域的迁移，如海草床、海藻床和珊瑚礁；

（3）由于悬浮沉积物减少光的渗透，导致对光敏感生物和栖息地的影响；

（4）底栖生物的蛰伏期；

（5）与海洋动物群的碰撞；

（6）水流和波浪条件的改变。

6.13 在适当的条件下，可以优化选划倾倒区以产生积极影响，这种影响包括离岸堆积、堤坝对波候产生的理想效果、历史性污染沉积物盖帽（如美国的历史修复区域）和疏浚物堆积对珊瑚礁产生的影响（Reine et al.，2012）。

6.14 应考虑处置的时间特性，以确定每年不适宜处置活动的关键时期（如海洋生物活动期），这一考虑是期望处置活动发生在对周围环境影响最小的时期。在管理关键时期与处置相关的暴露及风险，也可以通过第3.5段至第3.8段对使用工程和操作控制进行处理。Suedel 等 2008 年提出了一个风险框架用来评价和管理这些影响。从生物学的观点考虑处置活动问题时，应关注如下内容：

（1）海洋生物的迁徙时期；

（2）繁殖时期；

（3）海洋生物的冬眠期或在沉积物中的蛰伏期；

（4）特别敏感及濒危物种的暴露期。

7 潜在影响评价

7.1 潜在影响评价为决定是否批准、修改或拒绝拟定的处置选择方案和确定环境监测要求提供了基础。"影响假设"概述了疏浚工程的预期影响，可以为指定的许可证规定管理措施和有针对性的监测要求提供依据。评估涉及三项不同的活动：

（1）总结疏浚物的特性并对照行动水平（参考第5部分）和倾倒区的特点，为建立影响假设提供基础；

（2）编制影响假设，并依据影响假设在许可证中明确管理措施和监测方案；

（3）通过监测期间收集的数据对"影响假设"进行评估，从而评价实际影响。

7.2 潜在影响评价是基于比较评价过程提出的证据进行的，其结果应对所选取管理方案的预期后果进行简明陈述（即"影响假设"）。通过建立一个假说或预测对潜在的影响进行影响评价，然后科学地进行验证。一个影响假设是一个给定的处置事件在给定的倾倒区可能产生的环境影响的预测。潜在影响评价应综合考虑疏浚物特性、处置方法、拟倾倒区的状况，包括潜在的暴露途径。它应包括对人类健康、生态受体、便利设施和对海洋其他合法利用的综合潜在影响，它应根据合理的保守假设确定预期影响的性质、时间和空间范围（LC/LP，2007）。对于复杂的疏浚项目，正式的风险评价程序能够对潜在影响进行评价，包括问题识别、风险评价、效果评价和风险特征（PIANC，2006a，2006b）。

7.3 项目概念模型有助于在评价中捕捉潜在影响的范围和制定待验证的问题和假设。从概念模型得到的示例问题包括：

（1）海洋环境中沉积物和相关污染物如何迁移和扩散？

（2）随着沉积物和污染物的扩散和沉降，其浓度将如何变化？

（3）在暴露区域存在哪些海洋生物（或根据以往监测信息可能存在）？

（4）预期暴露途径如何？

（5）倾倒区周边的生物种群急性或亚致死毒性效应如何？

依据疏浚物海上处置时和处置后实际监测数据对相关假设进行统计性检验，并据此调整上述问题。

7.4 在建立"影响假设"时，应特别关注但不局限于对下述对象的潜在影响：便利设施（如漂浮物）、敏感区域（如产卵场、育幼场和索饵场）、栖息地（如生物、化学和物理方面的改变）、迁徙模式和资源的商业化程度。同时，应考虑对其他用海的潜在影响，包括渔业、航行、工程用海、海洋的其他特殊使用价值和传统用海活动。

7.5 倾倒的预期后果应根据预期受影响的栖息地、过程、物种、群落和用海情况进行描述，同时，应描述预期影响的确切性质（如变化、响应、干扰）。应详细量化倾倒产生的影响，这样才能准确确定现场监测要测量的变量。对于后者，预测倾倒"何地""何时"会产生影响很关键。

7.6 潜在环境影响评价应重点强调生物效应、栖息地改变及物理、化学变化。然而，如因污染物导致潜在影响，则应对下述因素加以解释：

（1）评估该污染物在海水、沉积物、生物群中较既有条件的统计学显著增加量及关联影响；

（2）评估该污染物对局部和区域物质通量的贡献以及现有通量对海洋环境或人类健康的威胁及不利影响程度。

7.7 如存在重复或多次倾倒作业，"影响假设"应考虑倾倒作业的累积影响，同时考虑与本地区正在进行或计划中的其他倾倒活动间可能的相互作用。

7.8 应根据对下述关切因素的比较评价对各处置方案进行分析：人类健康风险、环境成本、危害（包括事故）、经济和对未来用海的排他性。如评价获得的所有信息不足以确定拟处置方案的可能影响，包括潜在的长期有害后果，则不应进一步考虑该方案。此外，比较评价表明倾倒方案并非最佳方案，则不应颁发倾倒许可证。

7.9 一旦潜在的环境影响被列入影响假设，就可以设计现场监测的具体程序

（LC/LP，2007）。应制定影响假设来解决应用管理措施（即工程和操作控制）的影响。疏浚和处置操作的调整是控制潜在的物理和污染物影响的有效手段（Australia，2009）。

7.10 对处置作业备选方案进行评价可能包括一系列的风险情形和可能影响。影响假设不能全部反映所有潜在影响。必须承认，即使是最全面的影响假设也不会解决所有可能出现的情况和意料之外的影响。因此，直接根据假设制订监测方案，并将其作为反馈机制来验证在处置操作和倾倒区应用的预测和管理措施的合理性尤为重要，作为这个过程的一部分，重要的是识别相应的不确定性的来源和影响。

7.11 各评价报告应给出是否支持颁发倾倒许可证的结论。

8 许可证及许可条件

8.1 仅当完成全部影响评估，明确监测要求后，且比较评估结果确定了海上处置的可接受性，才可作出是否颁发许可证的决定（第9部分）。许可证的规定应尽可能确保倾倒活动的环境干扰和损害最小化、环境利益最大化。颁发的许可证必须附有下述数据及资料：

（1）拟倾倒物质的类型、数量和来源；

（2）倾倒区位置；

（3）倾倒的方法；

（4）监测及报告要求。

许可证条件应简洁明了，确保：

（1）只有已开展特性表征，且基于评价表明可进行海上处置的物质才允许进行海上处置；

（2）必须在指定的倾倒区进行处置；

（3）处置的同时采取必要的沉积物处理技术，该技术的选取应基于比较分析结果。

8.2 若批准允许海上处置，首先必须颁发许可证。

8.3 作为项目规划和决策的一部分，建议与所有利益相关方建立协商流程，以确保从项目最初阶段到完成过程公众审查和参与的机会，包括审议过程。这种合作活动能够促进开展联合调查，也能确定改善整个项目的机会，包括确定替代沉积物管理方案和有益利用的机会。利益相关者参与如相互获益的方法（Susskind and Landry，1991），其中通过问题映射确定在决策过程中应当考虑的关键的利益相关者、利益和观点。

8.4 许可证是管理疏浚物海上处置的重要工具，其包括可能进行处置的条款和条件，并为评估和确保合规性提供框架。若准予颁发许可证，表明审批机构认为倾倒区边界内的影响假设是可接受的，如当地环境的物理、化学和生物变化。

8.5 考虑到技术和经济上的限制，监管者应采用最有效的技术和实践将海上处置对环境的改变降至最小程度。

8.6 应根据监测结果和监测方案的目标对许可证和许可证评价方案进行定期检查，通过检查监测结果，指出现场方案是否需要延续、修改或终止，并将有助于对许可证的延续、修改或吊销事宜作出合理的决定，这对保护人类健康和海洋环境提供了重要的反馈机制。

9 监测

9.1 监测工作在防止疏浚物海上处置污染海洋环境方面起着至关重要的作用。监测能够进一步反馈各个许可证状况、许可过程的评价以及特定倾倒区管理的有效性。同时，监测也能够增加对倾倒区环境状况和处置活动影响的了解，从而作为后续处置项目环境影响评价的基础。

9.2 监测用于验证是否符合许可条件（符合性监测），以及许可证审查和倾倒区选划过程中的假设是否正确并足以保护环境和人类健康（现场监测）。监测方案的关键是具有清晰明确的目标。

9.3 符合性监测应确定以下几个方面：

（1）处置物质与许可证授权物质一致；

（2）根据许可证对处置物质进行装载、处理和运输；

（3）处置物质体积与许可证一致；

（4）处置位置和方法与许可证规定的一致。

9.4 现场监测涉及在倾倒区及其附近采集和测定不同时间和空间尺度的样品。监测内容与潜在影响评价过程中确定的影响假设直接相关（第 7 部分）。监测应确定明确的目标，酌情使用监测信息来评价和调整管理措施（如后续项目评价、持续的项目、或倾倒区管理政策），以及后续的许可决策（LC/LP，2007；IMO，2009；LC/LP，2011）。

9.5 "影响假设"是确定现场监测的基础。设计的监测方案必须确保接受处置的区域所发生的变化在预测的范围内。监测方案必须给出下列问题的答案：

（1）从"影响假设"中可得出哪些可检验的假设？

（2）通过哪些测量（类型、位置、频率、性能要求）可以检验这些假设？

（3）如何管理和解释获得的数据？

9.6 所设计的监测方案应能确定影响区以及影响区外所发生的变化是否与预测的不同。这可以通过布设连续（时、空）监测站位，以监测预测的可观测到的任何空间尺度和程度的变化。通常，监测是建立在一个零假设基础上的，也即该监测无法检测到由于处置活动引起的显著变化。

9.7 基于零假设的监测方案是预期性的方法（并非是回顾性的），这种方法是在采样前，明确界定可接受的和不可接受的负面影响，并预测何种环境资源存在风险，以及倾倒区疏浚物处置带来的这种风险的大小和程度。在监测前应明确负面影响的阈值（Fredette et al.，1986，1990）。主要考虑以下几个方面：

（1）监测项目应包括处置前、处置时（在时间和地点可行时）和处置后在倾倒区和适当的对照站的样品采集。

（2）采样方案需考虑在统计学上验证假设需要的样品数量。不同项目管理决策所需的样品数量和类型有所不同。与可预测问题相关的监测范围，以及与利益或关切相关的监测方案中物理、化学或生物部分尤其重要（PIANC，2006a；CEFAS，2003）。

（3）监测方案的设计应包括识别处置疏浚物的物理归趋，首先以确定疏浚物是否处置在倾倒区内。这对于确定采样方案，以验证疏浚物物理和生物影响的零假设尤为重要。

（4）监测方案的设计应适当平衡数据获取和分析工作，同时也应确保提供判断许可条件是否符合、是否需采取管理行动的明确信息。监测方案应根据采样结果不断调整，同时可根据技术和科学进步修改或调整监测方案或修改"零假设"所解决的问题。

9.8 应根据不同项目设计不同层级的监测强度。各层次的监测应考虑可验证的假设、环境阈值、采样设计和管理方案。各层次的监测应确保无须实施更密集的监测，除非无法验证零假设。各监测层次获取的信息应直接应用于管理决策过程。监测结果可能确定要开展进一步的验证性监测、启动下一层次的监测、对倾倒区的管理作出明确调整（如需开展盖帽或调整/撤销许可证）。例如，监测表明疏浚物在倾倒区外，应进一步进行采样，以评价疏浚物在倾倒区外输运的程度和带来的生态效应。

9.9 通常假定倾倒申请材料中已包含拟选倾倒区的现状（处置前）的详尽说明，但不足以得出"影响假设"，申请者应在主管部门对许可证申请作出最终决定前提供更多资料。

9.10 鼓励许可主管部门在制订和调整监测方案时，考虑学术机构、政府机构，以及其他开展疏浚物管理和倾倒区相关研究机构的相关研究信息和成果。

9.11 各缔约国应定期审议监测结果（或其他相关研究），以明确以下需求：

（1）调整或终止现场监测计划；

（2）更改或吊销许可证；

（3）重新确定或关闭倾倒区；

（4）修正制定和评价废物处置申请的依据。

9.12 上述监测活动需方案设计者、项目管理者和管理部门的多方沟通与协调，各方应适时就监测进展和结果进行交流，这对于明确特定水平下的采样是否充分合理、是否需开展进一步的监测评价、是否应制定管理方案以及确定管理方案的及时采纳（如需制订方案）至关重要。

10 参考文献和资源文件

参考文献：

Australia (2009). Department of the Environment, Water, Heritage and the Arts. National assessment guidelines for dredging, 2009. Australian Government, Canberra.

http：//www. environment. gov. au/resource/national-assessment-guidelines-dredging-2009.

Bridges, T., Berry, W., Ells, S., Ireland, S., Maher, E., Menzie, C., Porebski, L., Stronkhorst, J., and Dorn, P. (2005). A risk-based assessment framework for contaminated sediments. In: Wenning, R., Ingersoll, C., Batley, G., and Moore, D., (eds.). Use of sediment quality guidelines and related tools for the assessment of contaminated sediments. SETAC, Pensacola, FL.

CEDA (2012). Climate change adaptation as it affects the dredging community. Position Paper, Central Dredging Association.

http: //www. dredging. org/documents/ceda/html_ page/2012-05-ceda_ positionpaper-climatechangeadaptation. pdf.

CEDA & IADC (2008). Environmental aspects of dredging. Bray, R. N., (ed.). Taylor & Francis.

CEFAS (2003). Aquatic environment monitoring report number 55. Dredging and Dredged Material Disposal Monitoring Task Team. Centre for Environment, Fisheries and Aquaculture Science, Lowestoft.

http: //www. cefas. co. uk/publications/aquatic/aemr55. pdf.

Cura, J. J., Heiger-Bernays, W., Bridges, T. S., and Moore, D. W. (1999). Ecological and human health risk assessment guidance for aquatic environments. Technical Report DOER-4. Dredging Operations and Environmental Research Program. US Army Corps of Engineers, Engineer Research and Development Center, Vicksburg, MS.

http: //el. erdc. usace. army. mil/dots/doer/pdf/trdoer4. pdf.

Cura, J., Bridges, T., and McArdle, M. (2004). Comparative risk assessment methods and their applicability to dredged material management decision making. Human and Ecological Risk Assessment 10: 485-503.

DEFRA (2009). The first UK offshore contaminated dredge material capping trial-lessons learned. Department of Environment, Food and Rural Affairs, UK.

http: //archive. defra. gov. uk/environment/marine/documents/legislation/cms-tynecappingtrial. pdf.

Fredette, T. J. (2006). Why confined aquatic disposal cells often make sense. Integrated environmental assessment and management 2 (1): 35-38. SETAC, Pensacola, FL.

Fredette, T. J., Anderson, G., Payne, B. S., and Lunz, J. D. (1986). Biological monitoring of open-water dredged material disposal sites. Oceans 86 Conference Record: 764-769. 23-25 September 1986. IEEE, Washington, DC.

Fredette, T. J., Clausner, J. E., Nelson, D. A., Hands, E. B., Miller-Way, T., Adair, J. A., Sotler, V. A., and Anders, F. J. (1990). Selected tools and techniques for physical and biological monitoring of aquatic dredged material disposal sites. Technical Report D-90-11. Dredging Operations Technical Support Program, US Army Corps of Engineers, Waterways Experiment Station, Vicksburg, MS.

http: //el. erdc. usace. army. mil/elpubs/pdf/trd90-11. pdf.

IMO (2005). Sampling of Dredged Material. Guidelines for the sampling and analysis of dredged material intended for disposal at sea. IMO publication sales number I537E. IMO, London.

IMO (2009). Guidance for the development of action lists and action levels for dredged material.

http: //www. imo. org/blast/blastDataHelper. asp? data_ id=25196&filename=DredgedMaterialActionList. pdf.

ITRC (Interstate Technology & Regulatory Council) (2011). Incorporating bioavailability considerations into the evaluation of contaminated sediment sites. Washington, DC.

http: //www. itrcweb. org/contseds-bioavailability/.

Kane-Driscoll, S. B., Wickwire, W. T., Cura, J. J., Vorhees, D. J., Butler, C. L., Moore, D. W., and Bridges, T. S. (2002). A comparative screening-level ecological and human health risk assessment for dredged material management alternatives in New York/New Jersey Harbor. Human and Ecological Risk Assessment 8: 603-626.

Kiker, G. A., Bridges, T. S., and Kim, J. B. (2008). Integrating comparative risk assessment with multi criteria decision analysis to manage contaminated sediments: an example from New York/New Jersey Harbor. Human and Ecological Risk Assessment 14: 495-511.

LC/LP (London Convention and London Protocol) (2007). Tutorial: Guidelines for the assessment of wastes proposed for disposal at sea.

http: //www. imo. org/blast/blastDataHelper. asp? data_ id=20280&filename=17. pdf.

LC/LP (2011). Waste assessment guidelines training set extension for the application of low-technology techniques for assessing dredged material.

http: //www. imo. org/OurWork/Environment/LCLP/Publications/wag/Pages/default. aspx.

NRC (2003). Bioavailability of contaminants in soils and sediments. Water Science and Technology Board, National

Research Council. National Academies Press, Washington DC.

http: //www. nap. edu/books/0309086256/html/.

Nellemann, C., Corcoran, E., Duarte, C. M., Valdés, L., De Young, C., Fonseca, L., Grimsditch, G. (eds.) (2009). Blue carbon-the role of healthy oceans in binding carbon-a rapid response assessment. United Nations Environment Programme, GRID-Arendal.

http: //grida. no/publications/rr/blue-carbon/.

Palermo, M. R., Clausner, J. E., Rollings, M. E., Williams, G. L., Myers, T. E., Fredette, T. J., and Randall, R. E. (1998). Guidance for subaqueous dredged material capping. Technical Report DOER-1. Dredging Operations and Environmental Research Program. US Army Corps of Engineers, Waterways Experiment Station, Vicksburg, MS.

http: //el. erdc. usace. army. mil/elpubs/pdf/trdoer1. pdf.

Palmerton, D. L. Jr., Mohan, R. K., and Elenbaas, K. D. (2002). Contained aquatic disposal (CAD) -an analysis of their advantages, limitations, and costs. Western Dredging Association 22nd Annual Meeting and Texas A&M 34th Annual Dredging Seminar. 13-17 June 2001. Denver, CO.

PIANC (1998a). Management of aquatic disposal of dredged material. WG 1-1998.

http: //www. pianc. org/technicalreportsbrowseall. php.

PIANC (2006a). Biological assessment guidance for dredged material. WG 8-2006.

http: //www. pianc. org/technicalreportsbrowseall. php.

PIANC (2006b). Environmental risk assessment of dredging and disposal practices. WG 10-2006.

http: //www. pianc. org/technicalreportsbrowseall. php.

PIANC (2008a). Dredging management practices for the environment: a structured selection approach. WG 100-2008.

http: //www. pianc. org/technicalreportsbrowseall. php.

PIANC (2008b). Waterborne transport, ports and waterways: a review of climate change drivers, impacts, responses and mitigation. Report of PIANC Envicom Task Group 3, Climate Change and Navigation, Brussels.

PIANC (2009). Dredged material as a resource. Report No. 104, EnviCom WG 14, Brussels.

PIANC (2011). Working with nature. PIANC Position Paper.

http: //www. pianc. org/downloads/envicom/WwN%20Final%20position%20paper%20January%202011. pdf.

Reine, K. J., Clarke D., and Dickerson, C. (2012). Fishery resource use of an offshore dredged material mound. DOER Technical Notes Collection (ERDC TN DOER - E31). US Army Engineer Research and Development Center, Vicksburg, MS.

http: //el. erdc. usace. army. mil/elpubs/pdf/doere31. pdf.

Suedel, B. C., Clarke, D. G., Kim, J., and Linkov, I. (2008). A risk-informed decision framework for setting environmental windows for dredging projects. Science of the Total Environment 403: 1-11. US Army Engineer Research and Development Center, Vicksburg, MS.

Susskind, L. E., and Landry, E. M. (1991). Implementing a mutual gains approach to collective bargaining. Negotiation Journal 7 (1): 5-10.

USACE (1983). Engineering and design-dredging and dredged material disposal. Engineer Manual EM 1110-2-5025. US Army Corps of Engineers, Washington, DC.

http: //www. publications. usace. army. mil/Portals/76/Publications/EngineerManuals/EM_ 1110-2-5025. pdf.

USACE (1987). Engineering and Design-Beneficial Uses of Dredged Material. Engineer Manual EM 1110-2-5026. US Army Corps of Engineers, Washington, DC.

http: //www. publications. usace. army. mil/Portals/76/Publications/EngineerManuals/EM_ 1110-2-5026. pdf.

USACE (2012). Monitoring surveys of New England CAD cells, October 2009. Disposal Area Monitoring System (DAMOS). Contribution 185. US Army Corps of Engineers, New England District, Concord, MA.

http: //www. nae. usace. army. mil/portals/74/docs/DAMOS/TechReports/185. pdf.

USEPA/USACE (1991). Evaluation of dredged material proposed for ocean disposal. Testing manual. EPA-503/8-91/001.

US Environmental Protection Agency, Washington DC.

http：//water. epa. gov/type/oceb/oceandumping/dredgedmaterial/upload/gbook. pdf.

USEPA (1992). Dermal Exposure Assessment: Principles and Applications. EPA/600/8-91/011B. Interim Report. Office of Health and Environmental Assessment, Washington, D. C.

USEPA/USACE (1998). Evaluation of dredged material proposed for discharge in waters of the US. Inland Testing Manual. EPA-823-B-98-004. US Environmental Protection Agency, Washington DC.

http：//water. epa. gov/type/oceb/oceandumping/dredgedmaterial/upload/2009 _ 10 _ 09 _ oceans _ regulatory _ dumpdredged_ itm_ feb1998. pdf.

USEPA/USACE (2004). Evaluating environmental effects of dredged material management alternatives - a technical framework. EPA842-B-92-008. US Environmental Protection Agency, Washington DC.

USEPA/USACE (2007). Identifying, planning, and financing beneficial use projects using dredged material. Beneficial Use Planning Manual. EPA842-B-07-001. US Environmental Protection Agency, Washington DC.

http：//el. erdc. usace. army. mil/dots/budm/pdf/PlanningManual. pdf.

Wenning, R., Ingersoll, C., Batley, G., and Moore, D., （eds.）（2005）. Use of sediment quality guidelines and related tools for the assessment of contaminated sediments. SETAC, Pensacola, FL.

Wolf, S., Greenblatt, M., Fredette, T. J., Carey, D. A., Kelly, S., Diaz, R. J., Neubert, P., Williams, I., and Ryther, J. H. （2006）. Stability and recovery of capped in-channel CAD Cells: Boston Harbor, Massachusetts. Proceedings of the Western Dredging Association 26th Technical Conference and Texas A&M 38th Annual Dredging Seminar: 451-460. 26-28 June 2006. San Diego, CA. Center for Dredging Studies, Ocean Engineering Program, Civil Engineering Department, Texas A&M University, College Station, TX.

资源文件：

ASTM (1994). *Standard guide for collection, storage, characterisation and manipulation of sediment for toxicological testing.* American Society for Testing and Materials, Annual Book of Standards. Vol. 11. 04. E1391-96.

CEDA (2009). *Dredging and the environment: moving sediments in natural systems.* Information Paper, Central Dredging Association.

http：//www. dredging. org/documents/ceda/downloads/publications-ceda_ informationpaper_ 2009-12_ web. pdf.

CEDA (2010). *Dredged material as a resource: options and constraints.* Information Paper, Central Dredging Association.

http：//www. dredging. org/documents/ceda/downloads/publications-2010-6-ceda_ information-paper-dredgedmaterialasaresource. pdf.

CEDA (2011). *Environmental control on dredging projects-lessons learned from 15 years of turbidity monitoring.* Information Paper, Central Dredging Association.

http：//www. dredging. org/documents/ceda/html_ page/2011-ceda_ information_ paper_ environmental_ control_ on-dredging_ projects. pdf.

Environment Canada (1998). *Technical guidance for physical monitoring at ocean disposal sites.* Marine Environment Division, Ottawa, Ontario.

http：//www. ec. gc. ca/Publications/E94D9F26-D0A1-479B-BE61-C4226EDB413B%5CNationalGuidelinesForMonitoringDredgedAndExcavatedMaterialAtOceanDisposalSites. pdf.

Environment Canada (2008). *Canada-Ontario decision-making framework for assessment of Great Lakes contaminated sediment.*

http：//publications. gc. ca/collections/collection_ 2010/ec/En164-14-2007-eng. pdf.

Environment Canada (2009). *International review of practices and policies for disposal in ocean and coastal/estuarine waters of contaminated dredged material.*

Fredette, T. J. (2005). Application of the dredged material waste assessment guidelines: a case study from the New Haven Harbor, Connecticut, USA. *J. Dredging Eng.* 7 （1）: 1-12.

IOC/UNEP/IMO (2000). *Guidance on assessment of sediment quality*. Global investigation of pollution in the marine environment (GIPME). IMO publication sales number 439/00. IMO, London.

http: //www. gesamp. org/data/gesamp/files/file_ element/b897866a0c9a9339781b6b8edd25ca32/Guidance_ on_ Assessment_ Quality_ of_ Sediments. pdf.

OSPAR (2008). *Overview of Contracting Parties' national action levels for dredged material* (2008 *update*). OSPAR Commission.

http: //www. ospar. org/documents/dbase/publications/p00363_ action%20level%20belgium. pdf.

PIANC (1992). *Beneficial uses of dredged material—a practical guide*. EnviCom WG 19, Brussels.

PIANC (1996). *Handling and treatment of contaminated dredged material* (*CDM*) *from ports and inland waterways*. Permanent Technical Committee 1 report of InCom WG 17. Supplement to Bulletin No. 89.

PIANC (1997). *Dredged material management guide*. Special Report of the Permanent Environmental Commission. Supplement to Bulletin No. 96.

PIANC (1998b). *Handling and treatment of contaminated dredged material from ports and inland waterways* (*Volume* 2). Permanent Technical Committee 1 report of WG 17.

USEPA (1992). *Framework for ecological risk assessment*. EPA/630/R-92/001. Risk Assessment Forum. US Environmental Protection Agency, Washington DC.

http: // www. epa. gov/raf/publications/pdfs/FRMWRK_ ERA. PDF.

USEPA (1994). *Report to Congress on the Great Lakes ecosystem*. EPA 905-R-94-004. US Environmental Protection Agency, Washington DC.

http: //www. epa. gov/greatlakes/rptcong/1994/.

USEPA (2001). *Methods for collection*, *storage and manipulation of sediments for chemical and toxicological analyses*: *technical manual*. EPA-823-F-01-023. US Environmental Protection Agency, Washington DC.

污水污泥评价指南

1 引言

1.1 污水污泥专项评价指南适用于国家主管部门对海洋倾倒活动的管理，为主管部门依据《伦敦公约》或《96 议定书》的要求评价废物倾倒申请提供指导。通用指南和专项评价指南的使用是对《96 议定书》附件 2 的补充，而非替代。

1.2 依据《96 议定书》，除明确列入附件 1 的物质外，禁止倾倒废物或其他物质。因此，在《96 议定书》背景下，本指南适用于附件 1 所列的物质。《伦敦公约》禁止倾倒特定的废物或其他物质，因而本指南适用于《伦敦公约》附件未禁止倾倒的废物。在《伦敦公约》背景下应用本指南时，不应将其作为重新考虑倾倒附件 I 所禁止的废物或其他物质的工具。

1.3 图 4 所示的应用流程图清晰地指明了应作出重要决策的各个阶段，该流程图并未设计成传统的"决策树"。一般来说，国家主管部门应以迭代方式运用此流程图，确保作出许可决定前考虑所有步骤。图 4 阐明了《96 议定书》附件 2 各部分间的关系，主要内容如下：

（1）废物特性表征（第 4 部分，化学、物理和生物特性）；

（2）废物防止审查和废物管理方案（第 2 部分和第 3 部分）；

（3）行动清单（第 5 部分）；

（4）倾倒区的识别与表征（第 6 部分，倾倒区选划）；

（5）确定潜在影响，提出影响假设（第 7 部分，潜在影响评价）；

（6）颁发许可证（第 9 部分，许可证及许可条件）；

（7）工程实施与符合性监测（第 8 部分，监测）；

（8）现场监测与评价（第 8 部分，监测）；

（9）许可证及许可条件。

1.4 本专项指南适用于（人类）污水污泥，旨在为遵守《96 议定书》附件 2 而提供进一步的说明，既不严于也不宽于附件 2 的规定。

1.5 污水污泥是指城市污水经处理后的残渣，该残渣主要是指将污水经物理处理及化学和生物处理后所残留的废物，其中富含有机物。污水包括生活污水和地表径流，在大多数情况下，还包括经过处理和未经处理的工业污水。污水污泥中所包含物质的种类非常广泛。其中生物需氧量（BOD）很高，很容易被病原体和寄生虫污染。将未经处理的污水排入河流、河口和近岸海域中会对环境资源、自然景观以及人类健康产生较高的风险。如果管理不善，会导致环境美观及健康问题的出现。污水经净化后所

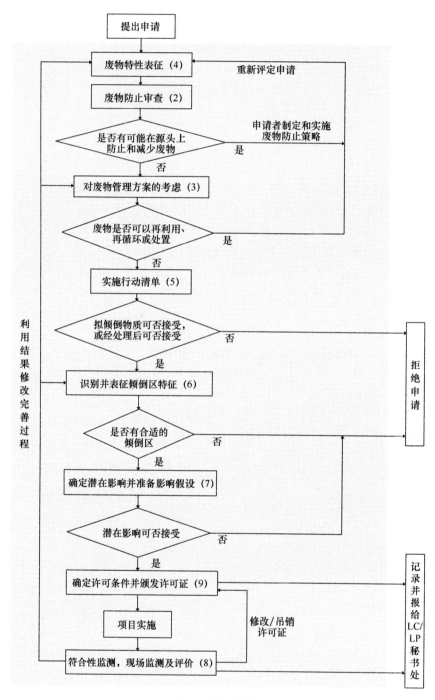

图 4 评估框架

38

产生的再生水可以排入淡水水系或近岸海水中，或用于诸如灌溉等其他实际应用中，再生水对环境和人类健康的危害较未处理前大为降低了。但是，污水污泥是污水处理的必然产物，并且随着废水纯化标准的提高，污泥产生量也必然随之增加，因此有必要制定合理的环境无害管理策略。

2 废物防止审查

2.1 在评估倾倒替代方案的初始阶段，应视情开展以下评估：

（1）废物的类型、数量及相对危害；

（2）导致流域内的污水污染的废物来源；

（3）减少/防止废物生产技术的可行性见第2.3段和第2.4段。

2.2 一般而言，如废物审查表明存在废物源头防止的可能性，则申请人应与有关地方和国家机构合作，制定和实施废物防止策略，包括具体的废物减量目标以及为确保实现这些目标而作进一步废物防止审查的规定。许可证的颁发和更新决定应确保符合任何由此产生的减少和防止废物的要求。[①]

2.3 对于污水污泥，废物管理的目标是对点源和非点源的污染源进行鉴别和控制，尤其要严格管理工业来源的污染，以便及时完善管理方案的范围，特别是与有益利用相关的管理方案。

2.4 在制定污染源控制策略时，应考虑下列因素：

（1）污染物的危害，以及单个污染源的相对危害。污水中大部分污染物质可通过生物降解和吸附或沉淀过程被清除。持久性亲脂有机污染物质，包括主要来源于人类使用的药剂以及重金属可能被吸附在污水污泥中。

（2）现有的污染源控制计划及其管理或法律要求。

（3）技术及经济上的可行性。

（4）所采取措施的有效性评估。

（5）考察实施控制策略与否的结果，应考虑乡村、城市和工业区在废物处理和污水污泥利用或处置方案方面的不同需要。

3 对废物管理方案的考虑

3.1 向海洋中倾倒污水污泥前需考虑以下因素（环境影响逐渐增加的顺序）：

1）有益利用方式：

（1）农业、园艺、造林等方面。污水污泥中包含的营养盐和矿物质水平可用于土壤有益催肥。根据废水的来源，其所含污染物质可能会限制其农业用途。

（2）用于能源生产，可利用污水污泥作为原材料生产液体或气体燃料。

---

① 该段不直接适用于污水污泥，但应与第2.3段和第2.4段联合考虑。

2）异地再利用。

3）通过焚烧进行热消解。烟道气体清洁程序以及这种过程和设备规定的排放限值应确保有害成分不会污染土地和海洋环境。

4）减少或消除有害成分的处理，使其达到某种处置方案的要求。

5）陆地处置，如有计划的填埋。

3.2 许可主管部门如确定废物存在对人类健康和环境无不适当的风险或不产生过度费用的再利用、再循环或处置的可能性，则应拒绝颁发废物或其他物质倾倒许可证。应根据倾倒和替代方案的风险比较评价来考虑其他处置方法方案的实际可行性。

4 化学、物理和生物特性

4.1 对废物特性的详尽描述和表征是审议倾倒替代方案的重要前提，也是决定废物是否允许倾倒的依据。如废物特性表征不足以恰当地评估废物对人类健康和环境的潜在影响，则不应允许倾倒该废物人类健康。

4.2 对废物及其成分的定性表征应包括下述内容：

（1）来源、总量、形态和一般组成。

（2）性质：物理、化学、生物化学和生物性质。特别是对生物组成的考察，如病原菌、病毒和寄生虫。

（3）毒性。

（4）持久性：物理、化学和生物持久性。

（5）在生物体或沉积物中的富集和生物转化。

5 行动清单

5.1 行动清单为确定某物质是否允许倾倒提供筛选机制，是《96议定书》附件2的重要组成部分，科学组将持续审议该清单以协助各缔约国的应用。该清单也用于评价物质是否符合《伦敦公约》附件Ⅰ和附件Ⅱ的要求。

5.2 各缔约国应制定国家行动清单，基于申请处置的废物及其组分对人类健康和海洋环境的潜在影响对其进行筛选。在选择列入行动清单的物质时，应优先考虑人类活动产生的有毒、持久以及具有生物累积性的物质（如镉、汞、有机卤化物、石油烃类，必要时包括砷、铅、铜、锌、铍、铬、镍、钒、有机硅化合物、氰化物、氟化物和杀虫剂、非卤化有机物及其他的副产品）。行动清单还可作为进一步废物防止审查的启动机制。

5.3 作为独立的废物类型，应该基于浓度限值、生物响应、环境质量标准、通量考虑和其他参照值来确定国家行动水平。

5.4 行动清单应指明上限水平，也可指明下限水平。上限水平应能避免对人类健康或对海洋生态系统中有代表性的敏感海洋生物产生急性或慢性影响。行动清单可将废物分为三类：

（1）含有特定物质或造成生物反应的废物超过相应的上限水平时，若不采取必要的管理技术及工艺进行处理，则不能直接倾倒；

（2）含有特定物质或造成生物反应的废物低于相应的下限水平，其倾倒对环境影响极小；

（3）含有特定物质或造成生物反应的废物低于相应的上限水平，但高于相应的下限水平，则需进行详尽评价后决定是否允许倾倒。

6 倾倒区选划

倾倒区选划的考虑

6.1 选划适宜的海洋倾倒区对于接收废物至关重要。对于污水污泥，需要特别考虑周边的娱乐区及贝类养殖区中病原体对人类健康的影响。

6.2 选划倾倒区需要的信息包括：

（1）水体和海床的物理、化学和生物特性；

（2）便利设施的位置、海洋的价值和其他用海；

（3）基于海洋环境中现有物质通量评价倾倒废物中该成分的通量，要特别考虑有机物通量和需氧量的相关变化，还要注意营养盐通量以及富营养化的可能性；

（4）经济与作业的可行性。

6.3 海洋环境保护科学联合专家组（GESAMP）的一份报告（《海洋倾倒区选划科学标准》）列出了有关倾倒区选划的程序指南。在选划倾倒区前，必须掌握拟选倾倒区周边海洋环境的海洋学数据。可以通过科学文献获取这些参数，同时还应进行现场调查以弥补文献资料的不足。所需信息包括：

（1）海床的特性，包括地形学、地球化学与地质学特征、生物组成和活动以及影响该区域的倾倒前的活动；

（2）水体的物理特性，包括温度、水深、可能存在的温度或密度跃层及其随季节和气候条件的深度变化、潮期与潮流椭圆的方向、表层和底层漂移的平均流向和流速、由风暴潮引起的底层流流速、普通风浪特征、每年平均风暴天数、悬浮物等；

（3）水体的化学和生物特性，包括 pH 值、盐度、表底层溶解氧、化学和生物需氧量、营养盐及其各种形态，以及初级生产力。

6.4 在确定倾倒区具体位置时，应考虑的一些重要便利设施、生物特性和用海途径，包括：

（1）海岸线和滨海浴场；

（2）风景区或具有重要文化和历史意义的区域；

（3）特别具有科学或生物学意义的区域，如保护区；

（4）渔场；

（5）产卵场、育幼场和资源补充区；

（6）生物迁徙路径；

（7）季节性和重要栖息地；

（8）航道；

（9）军事禁区；

（10）海底工程利用情况，包括采矿、海底电缆、海水淡化、能源转换区域。

倾倒区的规模

6.5 鉴于下述原因，需着重考虑倾倒区的规模：

（1）除扩散性区域外，倾倒区的规模应足够大，保证大部分废物在倾倒后仍堆积在倾倒区内或预测影响范围内；

（2）倾倒区的规模应足够大，保证预期量的固体或液体废物倾倒后，在扩散至倾倒区边界前或至倾倒区边界时，废物的浓度被稀释接近背景水平；

（3）倾倒区的规模与预期倾倒量相比应足够大，保证倾倒区能使用数年；

（4）考虑到倾倒区监测将花费大量时间与经费，倾倒区的规模应适度。

倾倒区的容量

6.6 为评估倾倒区的容量，尤其是固体废物，应考虑下述因素：

（1）预期的日、周、月或年倾倒量；

（2）是否为扩散型倾倒区；

（3）因堆积导致的倾倒区水深减少的容许量。

要特别注意水体中溶解氧的减少和沉积物中氧化还原条件的变化。

潜在影响评估

6.7 废物倾倒增加了生物暴露，由此引起的不利影响程度是决定某种废物是否适于在指定倾倒区进行倾倒的重要因素。

6.8 某物质对生物的不利影响程度部分取决于该生物（包括人类）的暴露程度。暴露水平又尤其是污染物输入通量，以及控制污染物迁移、行为、归趋和分布的物理、化学及生物作用的函数。

6.9 由于天然物质以及污染物的普遍存在，拟倾倒废物所含的全部物质对生物均存在某种程度上的预暴露，因此有害物质暴露应关注倾倒导致的额外暴露，即在考虑输入通量时，应重点关注去除其他途径的既有输入通量后，由倾倒导致的相对物质输入通量。

6.10 因此，有必要适当地考虑倾倒区周边局部和区域内由倾倒引起的相对物质通量。如可预测到倾倒活动将对自然过程产生的既有输入通量造成实质性增强，则不建议选择该区域作为倾倒区。

6.11 对于合成物质而言，倾倒活动所产生的通量和倾倒区周边区域既有通量之间的关系不适宜作为决策依据。

6.12 应考虑时间特征以确定每年不宜倾倒的潜在关键期（如对于海洋生物）。上述考虑能够确定倾倒活动影响较弱的时期，但如果此类限定条件使得倾倒任务过于繁重或花费巨大，则可采取妥协方案，优先保护那些完全不应被干扰的物种。上述生物学考虑举例如下：

（1）海洋生物从生态系统的一部分向另一部分的迁徙期（例如，从河口到开放海域，反之亦然）、生长与育幼期；

（2）海洋生物在沉积物上/中的冬眠期或蛰伏期；

（3）特别敏感及濒危物种的暴露期。

污染物的迁移

6.13 污染物的迁移取决于下列因素：

（1）基质类型；

（2）污染物的形态；

（3）污染物的分配；

（4）系统的物理状态，如温度、水流、悬浮物；

（5）系统的物理化学状态；

（6）扩散范围和水平对流路径；

（7）生物活动，如生物扰动。

7 潜在影响评价

7.1 潜在影响评价应得出对海上或陆上处置方案预期后果的简明陈述，即"影响假设"，从而为决定批准或拒绝拟处置方案和明确环境监测要求提供基础。废物管理方案应立足于尽可能避免污染物在环境中的扩散和稀释，优先采取必要的技术以防止污染物进入环境。

7.2 应基于废物特性、拟选倾倒区的状况、通量和拟采取的处置技术等对倾倒活动进行综合评价，指明对人类健康、生物资源、便利设施和其他合法用海的潜在影响。同时，应基于合理的保守假设明确预期影响的性质、时间和空间范围及持续时间。

7.3 评价应尽可能全面。主要的潜在影响应该在倾倒区选划过程中确定。这些影响对人类健康和环境最有威胁。从这一点出发，物理环境的改变、人类健康的风险、海洋资源的价值减损以及干扰其他海洋合法利用，通常被视为首要关切。

7.4 在建立"影响假设"时，应特别关注但不局限于对下述对象的潜在影响：便利设施（如漂浮物）、敏感区域（如产卵场、育幼场和索饵场）、栖息地（如生物、化学和物理方面的改变）、迁徙模式和资源的商业化程度。同时，应考虑对其他用海的潜在影响，包括渔业、航行、工程用海、海洋的其他特殊使用价值和传统用海活动。

7.5 即使是最简单和无害的废物，也存在诸多物理、化学、生物影响。"影响假设"不可能包罗万象，即使最全面的"影响假设"也不可能罗列出所有可能的情形，如难以预见的影响。因此，有必要制订与假设直接相关的监测方案，同时作为验证假设和审议对倾倒活动和倾倒区采取的管理措施是否适宜的反馈机制。识别不确定性的来源和后果也是至关重要的。

7.6 倾倒的预期后果应包括：对受影响的栖息地、过程、物种、群落和用海情况的描述，同时，应描述预期影响的确切性质（如变化、响应、干扰）。应详细量化倾倒产生的影响，这样才能准确确定现场监测要测量的变量。对于后者，预测倾倒"何地""何时"会产生影响很关键。

7.7 潜在环境影响评价应重点强调生物效应、栖息地改变及物理、化学变化。然而，如因物质导致潜在影响，则应对下述因素加以解释：

（1）评估该物质在海水、沉积物、生物群中较既有条件的统计学显著增加量及关联影响；

（2）评估该物质对局部和区域物质通量的贡献以及现有通量对海洋环境或人类健康的威胁及不利影响程度。

需要特别注意有机碳通量引起的额外耗氧量以及营养盐通量可能引起的富营养化。

7.8　如存在重复或多次倾倒作业，"影响假设"应考虑倾倒作业的累积影响，同时考虑与本地区正在进行和计划中的其他倾倒活动间可能的相互作用。

7.9　应根据对下述关切因素的比较评价对各处置方案进行分析：人类健康风险、环境成本、危害（包括事故）、经济和对未来用海的排他性。如评价获得的所有信息不足以确定拟处置方案的可能影响，包括潜在的长期有害后果，则不应进一步考虑该方案。此外，比较评价表明倾倒方案并非最佳方案，则不应颁发倾倒许可证。

7.10　各评价报告应给出是否支持颁发倾倒许可证的结论。

7.11　在需要开展监测时，"假设"中描述的影响和参数应当用于指导现场和分析工作，从而能够最有效和最经济地获得相关信息。

8　监测

8.1　监测用于验证是否符合许可条件（符合性监测），以及许可证审查和倾倒区选划过程中提出的假设是否正确并足以保护环境和人类健康（现场监测）。监测方案具有清晰明确的目标很关键。

8.2　"影响假设"是设计现场监测的基础。监测方案必须能确定倾倒区内的变化在预测范围内，必须解决下述问题：

（1）从"影响假设"中可得出哪些可检验的假设？

（2）通过哪些测量（类型、位置、频率、性能要求）检验这些假设？

（3）如何管理和解释获得的数据？

8.3　通常假定倾倒申请材料中已包含拟选倾倒区的现状（处置前）的详尽说明，但不足以得出"影响假设"，申请者应在主管部门对许可证申请作出最终决定前提供更多资料。

8.4　许可证颁发的主管部门在制订和完善监测方案时应考虑有关的研究信息，监测可分为两类：一是预测影响范围内的监测；二是预测影响范围外的监测。

8.5　监测应能确定影响区域及影响区域外的变化程度是否与预测的不同。前者可通过布设连续（时、空）站位监测以确定空间变化不超过计划范围；后者可通过测定倾倒作业导致的影响区域外的变化程度来解决。这些监测通常建立在"零假设"基础上，即未能检出任何显著变化。

8.6　应根据监测方案的目标，定期对监测结果（或其他相关的研究信息）进行评价，并为下述决策提供依据：

（1）修改或终止现场监测方案；

（2）更改或吊销许可证；

（3）重新界定或关闭倾倒区；

（4）修改废物倾倒申请的评价依据。

9 许可证及许可条件

9.1 仅当完成全部影响评估，并明确监测要求后，才可作出是否颁发许可证的决定。许可证的规定应尽可能确保倾倒活动的环境干扰和损害最小化、环境利益最大化。颁发的许可证必须附有下述数据及资料：

（1）拟倾倒物质的类型、数量和来源；

（2）倾倒区位置；

（3）倾倒的方法；

（4）监测及报告要求。

9.2 若确定倾倒为最终处置方案，则必须事先颁发授权倾倒的许可证。建议在许可过程中提供公众审议和参与的机会。颁发许可证意味着许可主管部门接受了假定发生在倾倒区范围内的影响，如局部环境物理、化学和生物属性的改变。

9.3 管理者应考虑技术能力及经济、社会和政治关切，始终致力于执行相关程序以切实确保环境变化远低于容许限度。

9.4 应考虑监测结果和监测方案的目标对许可证进行定期审查。通过审查监测结果，确定现场方案是否需要延续、修改或终止，并有助于对许可证作出延续、修改或吊销的知情决定。定期审查也是保护人类健康和海洋环境的重要反馈机制。

渔业废料评价指南

1 引言

1.1 鱼类废物或鱼类加工业产生的废物专项评价指南适用于国家主管部门对海洋倾倒活动的管理，为主管部门依据《伦敦公约》或《96 议定书》的要求评价废物倾倒申请提供指导。通用指南和专项评价指南的使用是对《96 议定书》附件 2 的补充，而非替代。

1.2 依据《96 议定书》，除明确列入附件 1 的物质外，禁止倾倒废物或其他物质。因此，在《96 议定书》背景下，本指南适用于附件 1 所列的物质。《伦敦公约》禁止倾倒特定的废物或其他物质，因而本指南适用于《伦敦公约》附件未禁止倾倒的废物。在《伦敦公约》背景下应用本指南时，不应将其作为重新考虑倾倒附件 I 所禁止的废物或其他物质的工具。

1.3 图 5 所示的应用流程图清晰地指明了应作出重要决策的各个阶段，该流程图并未设计成传统的"决策树"。一般来说，国家主管部门应以迭代方式运用此流程图，确保作出许可决定前考虑所有步骤。图 5 阐明了《96 议定书》附件 2 各部分间的关系，主要内容如下：

（1）废物特性表征（第 4 部分，化学、物理和生物特性）；
（2）废物防止审查和废物管理方案（第 2 部分和第 3 部分）；
（3）行动清单（第 5 部分）；
（4）倾倒区的识别与表征（第 6 部分，倾倒区选划）；
（5）确定潜在影响，提出影响假设（第 7 部分，潜在影响评价）；
（6）颁发许可证（第 9 部分，许可证及许可条件）；
（7）工程实施与符合性监测（第 8 部分，监测）；
（8）现场监测与评价（第 8 部分，监测）。

1.4 本专项指南适用于鱼类废物或鱼类加工业产生的废物，旨在为遵守《96 议定书》附件 2 而提供进一步的说明，既不严于也不宽于附件 2 的规定。

1.5 鱼类废物或来源于野生或养殖水产品的鱼类加工业产生的废物，由肉渣、表皮、骨骼、内脏、贝壳或黏液废物组成，这类废物的有机组分具有很高的生物需氧量，如果管理不善将会引发环境与健康问题。通常情况下，固体废料占总水产质量的 30%～40%，具体还由处理的水产种类决定。考虑渔业废料的产生与最终处理间的时限是至关重要的。大多数渔业废料在温暖天气中会快速降解，如果储存不当或未快速处理可能造成美观问题以及细菌分解产生的强烈气味。如将渔业废料进一步加工成鱼粉是可行方案的，那么必须保证渔业废料是新鲜的。

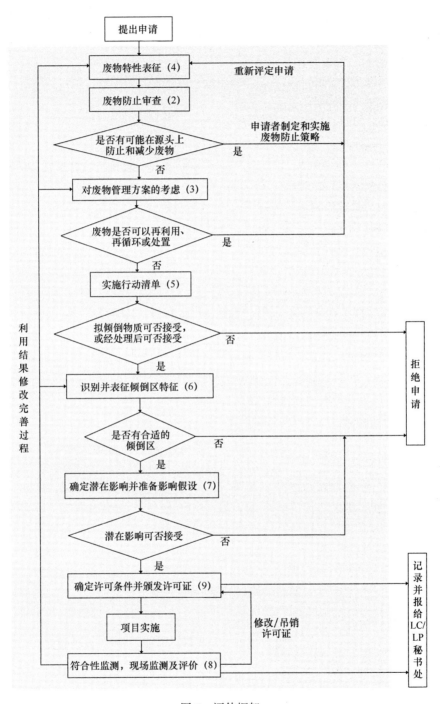

图 5　评估框架

2 废物防止审查

2.1 在评估倾倒替代方案的初始阶段，应视情况开展以下评估：

1）废物的类型、数量及相对危害。

2）应当考虑废料日/周变化以及产量的季节性变化。

3）下述废物减少/防止技术的可行性：

（1）产品改造；

（2）清洁生产技术；

（3）工艺改良；

（4）原辅材料的替代；

（5）现场、闭路再循环。

2.2 一般而言，如废物审查表明存在废物源头防止的可能性，则申请人应与有关地方和国家机构合作，制定和实施废物防止策略，包括具体的废物减量目标以及为确保实现这些目标而做进一步废物防止审查的规定。许可证的颁发和更新决定应确保符合任何由此产生的减少和防止废物的要求。

3 对废物管理方案的考虑

3.1 倾倒废物或其他物质的申请应表明已逐级考虑下述按环境影响递增列出的废物管理方案，对于渔业废料，方案包括：

（1）再加工成鱼粉；

（2）青贮饲料的生产、家畜及水产养殖饵料、用于生化工业产品；

（3）用于农耕肥，通过蒸发减少液体废料。

这些方案的实际可行性始终是主要关注点。如农耕作为选择方案，则必须具备适宜的申请区域，且有将废料作为化肥的需求。如选择生产鱼粉的方案，在经济分析中应考虑距加工厂的距离，这与所产生废物数量和质量密切相关。青贮饲料生产的市场化也是一个重要的考虑因素。

3.2 许可主管部门如确定废物存在对人类健康和环境无不适当的风险或不产生过度费用的再利用、再循环或处置的可能性，则应拒绝颁发废物或其他物质倾倒许可证。应根据倾倒和替代方案的风险比较评价来考虑其他处置方案的实际可行性。

4 化学、物理、生物特性

4.1 对废物特性的详尽描述和表征是审议倾倒替代方案的重要前提，也是决定废物是否允许倾倒的依据。如废物特性表征不足以恰当地评估废物对人类健康和环境的潜在影响，则不应允许倾倒该废物。

4.2 应关注废料及原料来源（野生捕获或孵化场的位置和性质）、生产总量与形式、倾倒区氧化还原条件的潜在变化及其富营养化的潜力。

4.3 评价标准可基于氧化还原条件的潜在变化来建立（例如，生物需氧量增加的结果）。

4.4 若根据国家标准，加工厂接收的鱼类适宜人类食用，且后续未发生明显降解，则渔业废料被认为适合倾倒。

4.5 若认为送至加工厂的原料鱼不适宜人类食用，则需根据具体情况对其进行评估。确定其倾倒的适宜性时应考虑其被加工厂拒绝的原因。

4.6 应考虑引入疾病载体的潜在威胁，包括野生种群的外来寄生虫。水产废料可能在这方面暴露出一系列特殊问题。

4.7 废料及其组成的特性还应当考虑：

（1）毒性；

（2）持久性：物理、化学、生物的持久性；

（3）在生物体或沉积物中的富集和生物转化。

5 行动清单

5.1 行动清单为确定某物质是否允许倾倒提供筛选机制，是《96 议定书》附件 2 的重要组成部分，科学组将持续审议该清单以协助各缔约国的应用。该清单也用于评价物质是否符合《伦敦公约》附件 I 和附件 II 的要求。就渔业废料而言，行动清单应考虑水产养殖过程中使用的化学品及其残留物，同时应当关注渔业废料化学处理过程所产生的污染物。另外，野生鱼类捕捞产生的废物无须详细考虑本章节内条款。

5.2 各缔约国应制定国家行动清单，基于申请处置的废物及其组分对人类健康和海洋环境的潜在影响对其进行筛选。在选择列入行动清单的物质时，应优先考虑人类活动产生的有毒、持久以及具有生物累积性的物质（如镉、汞、有机卤化物、石油烃类，必要时包括砷、铅、铜、锌、铍、铬、镍、钒、有机硅化合物、氰化物、氟化物和杀虫剂、非卤化有机物及其他的副产品）。行动清单还可作为进一步废物防止审查的启动机制。

5.3 作为独立的废物类型，应该基于浓度限值、生物响应、环境质量标准、通量考虑和其他参照值来确定国家行动水平。

5.4 行动清单应指明上限水平，也可指明下限水平。上限水平应能避免对人类健康或对海洋生态系统中有代表性的敏感海洋生物产生急性或慢性影响。行动清单可将废物分为三类：

（1）含有特定物质或造成生物反应的废物超过相应的上限水平时，若不采取必要的管理技术及工艺进行处理，则不能直接倾倒；

（2）含有特定物质或造成生物反应的废物低于相应的下限水平，其倾倒对环境影响极小；

（3）含有特定物质或造成生物反应的废物低于相应的上限水平，但高于相应的下限水平，则需进行详尽评价后决定是否允许倾倒。

6 倾倒区选划

倾倒区选划的考虑

6.1 选划适宜的海洋倾倒区对于接收废物至关重要。比如，考虑到渔业废料的性质，那么选择倾倒区标准最重要的是要能促进生物消耗（即海洋生物对废物的消耗），因此应注意选择扩散区域使海洋生物更容易消耗这些废物。扩散型倾倒区可将废物堆积造成的影响最小化，包括之后的生物需氧量增加和有机废物部分降解引起的细菌污染。

6.2 选划倾倒区需要的信息包括：

（1）水体和海床的物理、化学和生物特性；

（2）便利设施的位置、海洋的价值和其他用海；

（3）基于海洋环境中现有物质通量评价倾倒废物中该成分的通量，要特别考虑有机物通量和需氧量的相关变化，还要注意营养盐通量以及富营养化的可能性；

（4）经济与作业的可行性。

6.3 海洋环境保护科学联合专家组（GESAMP）的一份报告(《海洋倾倒区选划科学标准》)列出了有关倾倒区选划的程序指南。在选划倾倒区前，必须掌握拟选倾倒区周边海洋环境的海洋学数据。可以通过科学文献获取这些参数，同时还应进行现场调查以弥补文献资料的不足。所需信息包括：

（1）海床的特性，包括地形学、地球化学与地质学特征、生物组成和活动以及影响该区域的倾倒前的活动；

（2）水体的物理特性，包括温度、水深、可能存在的温度或密度跃层及其随季节和气候条件的深度变化、潮期与潮流椭圆的方向、表层和底层漂移的平均流向和流速、由风暴潮引起的底层流流速、普通风浪特征、每年平均风暴天数、悬浮物等；

（3）水体的化学和生物特性，包括 pH 值、盐度、表底层溶解氧、化学和生物需氧量、营养盐及其各种形态以及初级生产力。

6.4 在确定倾倒区具体位置时，应考虑的一些重要便利设施、生物特性和用海途径，包括：

（1）海岸线和滨海浴场；

（2）风景区或具有重要文化和历史意义的区域；

（3）特别具有科学或生物学意义的区域，如保护区；

（4）渔场；

（5）产卵场、育幼场和资源补充区；

（6）生物迁徙路径；

（7）季节性和重要栖息地；

（8）航道；

（9）军事禁区；

（10）海底工程利用情况，包括采矿、海底电缆、海水淡化、能源转换区域。

倾倒区的规模

6.5 鉴于下述原因，需着重考虑倾倒区的规模：

（1）除扩散性区域外，倾倒区的规模应足够大，保证大部分废物在倾倒后仍堆积在倾倒区内或预测影响范围内；

（2）倾倒区的规模应足够大，保证预期量的固体或液体废物倾倒后，在扩散至倾倒区边界前或至倾倒区边界时，废物的浓度被稀释接近背景水平；

（3）倾倒区的规模与预期倾倒量相比应足够大，保证倾倒区能使用数年；

（4）考虑到倾倒区监测将花费大量时间与经费，倾倒区的规模应适度。

倾倒区的容量

6.6 为评估倾倒区的容量，尤其是固体废物，应考虑下述因素：

（1）预期的日、周、月或年倾倒量；

（2）是否为扩散型倾倒区（第6.1段）；

（3）因堆积导致的倾倒区水深减少的容许量。

对于渔业废料，水相中溶解氧的减少，以及沉积物氧化还原条件的变化情况需特别关注，同时考虑海洋生物消耗废物的可能速率。

潜在影响评估

6.7 如重点关注内容为海洋环境中生物需氧量和氧气耗减，则不需详细考虑第6.8段至第6.12段的规定。

6.8 废物倾倒增加了生物暴露，由此引起的不利影响程度是决定某种废物是否适于在指定倾倒区进行倾倒的重要因素。

6.9 某物质对生物的不利影响程度部分取决于该生物（包括人类）的暴露程度。暴露水平又尤其是污染物输入通量，以及控制污染物转移、行为、归趋和分布的物理、化学及生物作用的函数。

6.10 由于天然物质以及污染物的普遍存在，拟倾倒废物所含的全部物质对生物均存在某种程度上的预暴露，因此有害物质暴露应关注倾倒导致的额外暴露，即在考虑输入通量时，应重点关注去除其他途径的既有输入通量后，由倾倒导致的相对物质输入通量。

6.11 因此，有必要适当地考虑倾倒区周边局部和区域内由倾倒引起的相对物质通量。如可预测到倾倒活动将对自然过程产生的既有输入通量造成实质性增强，则不应选择该区域作为倾倒区。

6.12 关于合成物质时，倾倒活动所产生的通量和在倾倒点周边区域既有通量之间的关系不适宜作为决策依据。

6.13 应考虑时间特征以确定每年不宜倾倒的潜在关键期（如对于海洋生物）。上述考虑能够确定倾倒活动影响较弱的时期，但如果此类限定条件使得倾倒任务过于繁重或花费巨大，则可采取妥协方案，优先保护那些完全不应被干扰的物种。上述生物学考虑举例如下：

（1）海洋生物从生态系统的一个部分向另一个部分的迁徙期（例如，从河口到开放海域，反之亦然）、生长与育幼期；

（2）海洋生物在沉积物上/中的冬眠期或的蛰伏期；

（3）特别敏感及濒危物种的暴露期。

6.14 污染物的迁移取决于下列因素：

（1）基质类型；

（2）污染物的形态；

（3）污染物的分配；

（4）系统的物理状态，如温度、水流、悬浮物；

（5）系统的物理化学状态；①

（6）扩散范围和水平对流路径；

（7）生物活动，如生物扰动。

如在重点关注内容为海洋环境中生物需氧量和氧气耗减的情况中，则不需要详细考虑本段的规定。

7 潜在影响评价

7.1 潜在影响评价应得出对海上或陆上处置方案预期后果的简明陈述，即"影响假设"，从而为决定批准或拒绝拟处置方案和明确环境监测要求提供基础。废物管理方案应立足于尽可能避免污染物在环境中的扩散和稀释，优先采取必要的技术以防止污染物进入环境。有关本章的潜在环境影响，包括富营养化、海洋环境中含氧量的减少、病毒携带和外来物种的引入。渔业废料的沉降可能会产生如覆盖海床和干扰捕鱼设备的物理影响。

7.2 应基于废物特性、拟选倾倒区的状况、通量和拟采取的处置技术等对倾倒活动进行综合评价，指明对人类健康、生物资源、便利设施和其他合法用海的潜在影响。同时，应基于合理的保守假设明确预期影响的性质、时间和空间范围及持续时间。

7.3 评价应尽可能全面。主要的潜在影响应该在倾倒区选划过程中确定。这些影响对人类健康和环境最有威胁。从这一点出发，物理环境的改变、人类健康的风险、海洋资源的价值减损以及干扰其他海洋合法利用，通常被视为首要关切。

7.4 在建立"影响假设"时，应特别关注但不局限于对下述对象的潜在影响：便利设施（如漂浮物）、敏感区域（如产卵场、育幼场和索饵场）、栖息地（如生物、化学和物理方面的改变）、迁徙模式和资源的商业化程度。同时，应考虑对其他用海的潜在影响，包括渔业、航行、工程用海、海洋的其他特殊使用价值和传统用海活动。

7.5 即使是最简单和无害的废物，也存在诸多物理、化学、生物影响。"影响假设"不可能包罗万象，即使最全面的"影响假设"也不可能罗列出所有可能的情形，如难以预见的影响。因此，有必要制订与假设直接相关的监测方案，同时作为验证假设和审议对倾倒活动和倾倒区采取的管理措施是否适宜的反馈机制。识别不确定性的来源和后果也是至关重要的。

---

① 这项规定不需要详细考虑捕捞野生种群产生的鱼类废物。

7.6 倾倒的预期后果应包括：对受影响的栖息地、过程、物种、群落和用海情况的描述，同时，应描述预期影响的确切性质（如变化、响应、干扰）。应详细量化倾倒产生的影响，这样才能准确确定现场监测要测量的变量。对于后者，预测倾倒"何地""何时"会产生影响很关键。

7.7 潜在环境影响评价应重点强调生物效应、栖息地改变及物理、化学变化。然而，如因物质导致潜在影响，则应对下述因素加以解释：

（1）评估该物质在海水、沉积物、生物群中较既有条件的统计学显著增加量及关联影响；

（2）评估该物质对局部和区域物质通量的贡献，以及现有通量对海洋环境或人类健康的威胁及不利影响程度。

7.8 如存在重复或多次倾倒作业，"影响假设"应考虑倾倒作业的累积影响，同时考虑与本地区正在进行或计划中的其他倾倒活动间可能的相互作用。

7.9 应根据对下述关切因素的比较评价对各处置方案进行分析：人类健康风险、环境成本、危害（包括事故）、经济和对未来用海的排他性。如评价获得的所有信息不足以确定拟处置方案的可能影响，包括潜在的长期有害后果，则不应进一步考虑该方案。此外，比较评价表明倾倒方案并非最佳方案，则不应颁发倾倒许可证。

7.10 各评价报告应给出是否支持颁发倾倒许可证的结论。

7.11 在需要开展监测时，"假设"中描述的潜在不利影响和变化应当用于指导现场和分析工作，从而能够最有效和最经济地获得相关信息。

8 监测

8.1 监测用于验证是否符合许可条件（符合性监测），以及许可证审查和倾倒区选划过程中提出的假设是否正确并足以保护环境和人类健康（现场监测）。监测方案具有清晰明确的目标很关键。

8.2 "影响假设"是设计现场监测的基础。监测方案必须能确定倾倒区内的变化在预测范围内，必须解决下述问题：

（1）从"影响假设"中可得出哪些可检验的假设？

（2）通过哪些测量（类型、位置、频率、性能要求）检验这些假设？

（3）如何管理和解释获得的数据？

8.3 通常假定倾倒申请材料中已包含拟选倾倒区的现状（处置前）的详尽说明，但不足以得出"影响假设"，申请者应在主管部门对许可证申请作出最终决定前提供更多的资料。

8.4 许可证颁发的主管部门在制订和完善监测方案时应考虑有关的研究信息，监测可分为两类：一是预测影响范围内的监测；二是预测影响范围外的监测。

8.5 监测应能确定影响区域及影响区域外的变化程度是否与预测的不同。前者可通过布设连续（时、空）站位监测以确定空间变化不超过计划范围；后者可通过测定倾倒作业导致的影响区域外的变化程度来解决。这些监测通常建立在"零假设"基础上，即未能检出任何显著变化。

8.6 应根据监测方案的目标，定期对监测结果（或其他相关的研究信息）进行评价，并为下述决策提供依据：

（1）修改或终止现场监测方案；

（2）更改或吊销许可证；

（3）重新界定或关闭倾倒区；

（4）修改废物倾倒申请的评价依据。

9 许可证及许可条件

9.1 仅当完成全部影响评估，并明确监测要求后，才可作出是否颁发许可证的决定。许可证的规定应尽可能确保倾倒活动的环境干扰和损害最小化、环境利益最大化。颁发的许可证必须附有下述数据及资料：

（1）拟倾倒物质的类型、数量和来源；

（2）倾倒区位置；

（3）倾倒的方法；

（4）监测及报告要求。

9.2 若确定倾倒为最终处置方案，则必须事先颁发授权倾倒的许可证。建议在许可过程中提供公众审议和参与的机会。颁发许可证意味着许可主管部门接受了假定发生在倾倒区范围内的影响，如局部环境物理、化学和生物属性的改变。

9.3 管理者应考虑技术能力及经济、社会和政治关切，始终致力于执行相关程序以切实确保环境变化远低于容许限度。

9.4 应考虑监测结果和监测方案的目标对许可证进行定期审查。通过审查监测结果，确定现场方案是否需要延续、修改或终止，并有助于对许可证作出延续、修改或吊销的知情决定。定期审查也是保护人类健康和海洋环境的重要反馈机制。

船舶评价指南

1 引言

1.1 船舶专项评价指南适用于国家主管部门对海洋倾倒活动的管理，为主管部门依据《伦敦公约》或《96议定书》的要求评价废物倾倒申请提供指导。通用指南通用指南和专项评价指南的使用是对《96议定书》附件2的补充，而非替代。

1.2 依据《96议定书》，除明确列入附件1的物质外，禁止倾倒废物或其他物质。因此，在《96议定书》背景下，本指南适用于附件1所列的物质。《伦敦公约》禁止倾倒特定的废物或其他物质，因而本指南适用于《伦敦公约》附件未禁止倾倒的废物。在《伦敦公约》背景下应用本指南时，不应将其作为重新考虑倾倒附件Ⅰ所禁止的废物或其他物质的工具。

1.3 图6所示的应用流程图清晰地指明了应作出重要决策的各个阶段，该流程图并未设计成传统的"决策树"。一般来说，国家主管部门应以迭代方式运用此流程图，确保作出许可决定前考虑所有步骤。图6阐明了《96议定书》附件2各部分间的关系，主要内容如下：

（1）废物防止审查（第2部分）；

（2）船舶：废物管理方案（第3部分）；

（3）废物特性表征：化学/物理特性（第4部分）；

（4）海上处置：最佳环境方案（第5部分）；

（5）倾倒区的识别与表征（第6部分，倾倒区选划）；

（6）确定潜在影响，提出影响假设（第7部分，潜在影响评价）；

（7）颁发许可证（第9部分）（许可证及许可条件）；

（8）工程实施与符合性监测（第8部分，监测）；

（9）现场监测与评价（第8部分，监测）。

1.4 本专项指南适用于船舶，旨在为遵守《96议定书》附件2而提供进一步的说明，既不严于也不宽于附件2的规定。

1.5 本指南列出了船舶海上处置需要考虑的因素，特别强调了在选择海上处置作为最佳方案之前开展处置方案评估的必要性。

1.6 有许多不同类型的船舶可以考虑进行海上处置，颁发许可证的主管部门应决定适用本指南船舶的最小尺寸。

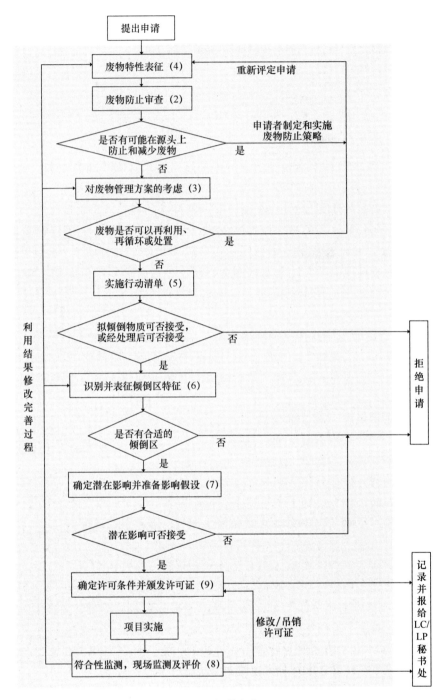

图 6　评估框架

2 废物防止审查

2.1 在评估倾倒替代方案的初始阶段，应视情况评价产生的废物类型、数量和相对危害（另见下文第 4 部分）。

2.2 一般而言，如废物审查表明存在废物源头防止的可能性，则申请人应与有关地方和国家机构合作，制定和实施废物防止策略，包括具体的废物减量目标以及为确保实现这些目标而作进一步废物防止审查的规定。许可证的颁发和更新决定应确保符合任何由此产生的减少和防止废物的要求。

注：本段与船舶海上处置无直接关系，但有必要申明依据《96 议定书》的规定，有减少此种处置需求的义务。

3 船舶：废物管理方案

3.1 当船舶必须废弃时，有若干处置方案，范围从船舶及其部件的再利用，到再循环或拆解，直至最终进行陆地或海上处置。应对以下替代方案开展包括工程、安全、经济性、环境分析在内的综合评估：

（1）船舶或其拆解部件的再利用（如发电机组、机械装置、泵、起重机、家具）；

（2）再循环［例如，废品利用（如含铁或有色金属，铜/铝/镍废金属碎片），前提是拆船在条件受控的港口和船坞进行，有害成分如油类、污泥和其他物质的收集和处置能够以环境无害化的方式予以管理］；

（3）利用环境无害化技术破坏有害成分（例如，在某些情况下，在岸上焚烧船舶液体废物或清理船舶过程中产生的废物）；

（4）清理船舶或清理、移除、处理船舶部件以减少或清除有害成分（例如，移除变压器和储存罐），以环境无害化方式处理有害成分，如油类、污泥和其他物质；

（5）在陆地和水中处置。

3.2 许可主管部门如确定废物存在对人类健康和环境无不适当的风险或不产生过度费用的再利用、再循环或处置的可能性，则应拒绝颁发废物或其他物质倾倒许可证。应根据倾倒和替代方案的风险比较评价来考虑其他处置方案的实际可行性。

3.3 风险比较评价应考虑如下因素：

1）环境潜在影响：

（1）对海洋生物栖息地和生物群落的影响；

（2）对海洋其他合法用途的影响；

（3）陆上再利用、再循环或处置造成的影响，包括对地表和地下水以及空气污染的潜在影响；

（4）每项再利用、再循环或处置方案的能源和材料使用（包括对能源和材料使用与节省的全面评价）造成的影响，包括运输及其产生的影响（即次级影响）。

2）人类健康潜在影响：

（1）明确暴露途径，分析海上和陆上再利用、再循环和处置方案对人类健康的潜在影响，包括由于使用能源造成的潜在次级影响；

（2）量化和评估与再利用、再循环和处置相关的安全风险。

3）技术及实际的可行性：

评估再利用或拆船及再循环的技术及实际的可行性（例如，对特定类型和尺寸的船舶进行工程方面的评估）。

4）经济性考察：

（1）分析船舶再利用、再循环或处置替代方案的全部成本，包括次级影响；

（2）根据获益，如资源保护及钢铁回收的经济获利，重新审查成本。

4 废物特性表征：化学/物理特性

4.1 应制订包括鉴定潜在污染源专项活动在内的污染防止计划。计划的目的是确保最大程度地清理可能对海洋环境产生潜在污染的废物（或其他有可能产生漂浮垃圾的物质和材料）。

4.2 对潜在污染源的详尽描述和特性表征（包括化学的和生物的）是决定是否允许船舶海洋倾倒的重要前提。如已按要求制订并实施了污染防止计划以及第5.2段所描述的最佳环境方案，则不需要通过化学和生物测试进行特性表征。

4.3 分析海上处置船舶对海洋环境潜在的不利影响时应考虑倾倒区的特性，包括生态资源和海洋学特性（见本指南第6部分，倾倒区选划）。

4.4 污染防止计划应考虑以下方面：

1）船舶作业装备以及可能释放进入海洋环境的潜在污染物（包括化学的和生物的）的可能来源、数量与相关危害的详细情况。

2）下列降低/防止污染技术的可行性：

（1）管路、箱槽及其他部件的清洗（包括对产生的废物进行环境无害化管理）；

（2）全部或部分船舶部件的再利用、再循环或处置。除了含铁废料外，船上可能还有高价值部件，如有色金属（铜、铝、镍等）和可再利用的装置（发电机组、机械装置、泵、起重机等）。将其从船上移除进行再利用，应当对其使用年限、使用条件、需求和移除成本进行权衡。

4.5 从海洋污染的角度来说，船舶的主要部件（如钢/铁/铝）并非是首要关切所在。然而，在考虑管理方案时，应关注一系列潜在污染源，可以包括：

（1）燃料、润滑剂和冷冻剂；

（2）电子设备；

（3）存储油漆、溶剂和其他化学品；

（4）漂浮材料（如塑料、聚苯乙烯泡沫）；

（5）污泥；

（6）货物；

（7）有害水生生物。

4.6 船舶上有可能被涉及的物质包括：

（1）电子设备（如变压器、电池、蓄电池）；

（2）冷却器；

（3）洗涤器；

（4）分离器；

（5）热交换器；

（6）存储箱；

（7）产品及其他化学品存储设备；

（8）柴油机柜（含大型存储柜）；

（9）油漆；

（10）防蚀消耗阳极电池；

（11）消防/防卫设备；

（12）管道系统；

（13）泵；

（14）发动机组；

（15）发电机组；

（16）储油槽；

（17）其他存罐；

（18）液压系统；

（19）管路、阀门和配件；

（20）压缩机；

（21）灯具配件及设备；

（22）电缆。

4.7 应对存留在船舶罐槽、管路或货舱中的物质进行最大程度的清除（如燃料、润滑油、液压液、货物及其残余物、油脂）。所有桶装、箱装或罐装的液体或气体材料都应从船舶上移除。所有从船舶上移除的材料都应在陆地以环境无害化方式进行管理（再循环或某些情况下实施岸上焚烧）。应优先移除含有多氯联苯（PCBs）液体的设备。

4.8 应尽量注意避免船舶压载水中有害水生生物的转移。

4.9 在进行船舶海上处置时不需要进行通常情况下的废物特性表征，因为不需要进行实际的化学或生物测试就能了解船舶的化学、物理和生物特性（第4.1段至第4.7段和下文第5部分）。

5 海上处置：最佳环境方案（行动清单）

5.1 应在海上处置前清除船舶上可能对海洋环境造成危害的污染物质。因此，应通过执行污染防止计划（第4部分）和最佳环境方案（第5.2段）满足船舶的行动限值，以确保进行了最大程度的清洁。应遵循下段阐述的特别针对船舶的最佳环境方案。

5.2 应对拟进行海上处置的船舶实施下述的污染防止和清洁技术。在技术和经济条件可行并考虑了工人的安全，应按如下所述最大程度地对第4.5段至第4.8段描述的船舶上的潜在污染源以及燃料等可能损害海洋环境的材料进行清理，移除能够产生漂浮垃圾的材料。产生的废物或材料应以环境无害化方式进行再利用、再循环或陆上处置等：

（1）移除对安全、人类健康、海洋环境的生态和美观造成负面影响的漂浮材料；

（2）移除燃料、工业或商业化学品以及对海洋环境有不利风险的废物（包括考虑有害水生生物）；

（3）最大程度地移除所有含有电解质流体的电容器和变压器；

（4）无论船舶哪个部分，只要储存过燃料或化学品（如存储罐），均应进行冲洗和清理，并在适当的情况下予以封闭堵塞；

（5）为防止损害海洋环境的物质泄漏，应当在处置船舶前使用适当的技术，如添加清洁剂的高压冲洗方法，以环境无害化对槽罐、管路和其他船舶设备及表面进行清理。按照潜在污染物的国家或地区标准，以环境无害化的方式处理清理后的污水。

6 倾倒区选划

倾倒区选划的考虑

6.1 选划适宜的海洋倾倒区对于接收废物至关重要。

6.2 选划倾倒区需要的信息包括：

（1）海床及附近海域的物理与生物特性，包括提供环境效益的可能性，以及拟选倾倒区所在区域的海洋学特征；

（2）船舶可能对拟选倾倒区的便利设施、价值和其他用海造成的影响；

（3）基于海洋环境中现有物质通量评价倾倒废物中该成分的通量；

（4）经济与作业的可行性。

6.3 海洋环境保护科学联合专家组（GESAMP）的一份报告（《海洋倾倒区选划科学标准》），列出了有关倾倒区选划的程序指南。在选划倾倒区前，必须掌握拟选倾倒区周边海洋环境的海洋学数据，可通过科学文献获取这些参数，同时还应进行现场调查以弥补文献资料的不足。为处置船舶选划倾倒区，对海洋学特性的要求要宽松得多，但必须包含第6.4段规定的内容。通常所需的信息包括：

（1）海床的特性，包括地形学、地球化学与地质学特征、生物组成和活动、软硬底栖栖息地的识别，以及影响该区域的倾倒前的活动；

（2）水体的物理特性，包括温度、水深、可能存在的温度和密度跃层，其随季节和气候条件的深度变化、潮期与潮流椭圆的方向、表层和底层漂移的平均流向和流速、由风暴潮引起的底层流流速、普通风浪特征、每年平均风暴天数、悬浮物等；

（3）水体的化学和生物特性，包括 pH 值、盐度、表底层溶解氧、化学和生物需氧量、营养盐及其各种形态以及初级生产力。

6.4 在确定倾倒区具体位置时，应考虑的一些重要便利设施、生物特性和用海途径，包括：

（1）海岸线和滨海浴场；

（2）风景区或具有重要文化和历史意义的区域；

（3）特别具有科学或生物学意义的区域，如保护区；

（4）渔场；

（5）产卵场、育幼场和资源补充区；

（6）生物迁徙路径；

（7）季节性和关键栖息地；

（8）航道；

（9）军事禁区；

（10）海底工程利用情况，包括采矿、海底电缆、海水淡化、能源转换区域。

倾倒区的规模

6.5 倾倒区的规模是评估倾倒区内能否处置多个船舶的重要考虑因素：

（1）倾倒区的规模应足够大，保证大部分废物在倾倒后仍堆积在倾倒区内或预测影响范围内；

（2）倾倒区的规模与预期倾倒量相比应足够大，保证倾倒区能使用数年；

（3）考虑到倾倒区监测将花费大量时间与经费，倾倒区的规模应适度。

倾倒区的容量

6.6 为评估倾倒区的容量，尤其是固体废物，应考虑下述因素：

（1）预期的日、周、月或年倾倒量；

（2）是否为扩散型倾倒区；

（3）因堆积导致的倾倒区水深减少的容许量。

潜在影响评估

6.7 确定船舶在某一区域海上处置的合理性时，重点应预测对该区域和相邻区域的生物栖息地和海洋生物群落（例如，珊瑚礁和软底生物群落）可能造成的影响程度。

注：第6.8段至第6.13段是关于环境影响的，但如已实施了污染防止计划（第4部分）和最佳环境方案（第5.2段），则本内容仅作参考。

6.8 某物质对生物的不利影响程度是该生物（包括人类）暴露水平的函数。暴露水平又尤其是污染物输入通量以及控制污染物转移、行为、归趋和分布的物理、化学及生物作用的函数。

6.9 由于天然物质以及污染物的普遍存在，拟倾倒废物所含的全部物质对生物均存在某种程度上的预暴露，因此有害物质暴露应关注倾倒导致的额外暴露，即在考虑输入通量时，应重点关注去除其他途径的既有输入通量后，由倾倒导致的相对物质输入通量。

6.10 因此，有必要适当地考虑倾倒区周边局部和区域内由倾倒引起的相对物质通量。如可预测到倾倒活动将对自然过程产生的既有输入通量造成实质性增强，则不建议选择该区域作为倾倒区。

6.11 对于合成物质而言，倾倒活动所产生的通量和倾倒区周边区域既有通量之间的关系不适宜作为决策依据。

6.12 应当考虑时间特征以确定每年不宜倾倒的关键期（如海洋生物活动期）。上述考虑能够确定倾倒活动影响较弱的时期，但如果此类限定条件使得倾倒任务过于繁重或花费巨大，则可采取妥协方案，优先保护那些完全不应被干扰的物种。上述生物学考虑举例如下：

（1）海洋生物从生态系统的一部分向另一部分的迁徙期（例如，从河口到开放海域，反之亦然）、生物与育幼期；

（2）海洋生物在沉积物上/中的冬眠期或蛰伏期；

（3）特别敏感及濒危物种的暴露期。

污染物的迁移

6.13 污染物的迁移取决于下列因素：

（1）基质类型；

（2）污染物的形态；

（3）污染物的分配；

（4）系统的物理状态，如温度、水流、悬浮物；

（5）系统的物理化学状态；

（6）扩散范围和水平对流路径；

（7）生物活动，如生物扰动。

7 潜在影响评价

7.1 潜在影响评价应得出对海上或陆上处置方案预期后果的简明陈述，即"影响假设"，从而为决定批准或拒绝拟处置方案和明确环境监测要求提供基础。废物管理方案应立足于尽可能避免污染物在环境中的扩散和稀释，优先采取必要的技术以防止污染物进入环境。

7.2 处置方案的评价应综合考虑船舶的特征与拟选倾倒区的条件，详细说明所选择方案的经济和技术可行性，评估对人类健康、生物资源、便利设施、其他合法用海和整体环境的潜在影响。对于船舶而言，评价应基于以下前提：通过实施第 4 部分的污染防止计划和第 5.2 段的最佳环境方案，任何不利影响已被最小化且主要是因船舶在海床上的物理存在而造成，因为已在最大限度上清除了拟处置船舶的污染物质。

7.3 评价应该尽可能全面。主要的潜在影响应该在倾倒区选划过程中确定。这些影响对人类健康和环境最有威胁。从这一点出发，物理环境的改变、对人类健康的风险、海洋资源的价值减损以及干扰其他海洋合法利用，通常被视为首要关切。

7.4 在建立"影响假设"时，应特别关注但不局限于对下述对象的潜在影响：便利设施（如漂浮物）、敏感区域（如产卵场、育幼场和索饵场）、栖息地（如生物、化学和物理方面的改变）、迁徙模式和资源的商业化程度。同时，应考虑对其他用海的潜在影响，包括渔业、航行、工程用海、海洋的其他特殊使用价值和传统用海活动。

7.5 即使是最简单和无害的废物，也存在诸多物理、化学、生物影响。"影响假设"不可能包罗万象，即使最全面的"影响假设"也不可能罗列出所有可能的情形，如难以预见的影响。因此，有必要制订与"假设"直接相关的监测方案，同时作为验证假设和审议对倾倒活动和倾倒区采取的管理措施是否适宜的反馈机制。识别不确定性的来源和后果也是至关重要的。

7.6 倾倒的预期后果应包括：对受影响的栖息地、过程、物种、群落和用海情况的描述，同时，应描述清楚预期影响的确切性质（如变化、响应、干扰）。应详细量化倾倒产生的影响，这样才能准确确定现场监测要测量的变量。对于后者，预测倾倒"何地""何时"会产生影响很关键。

7.7 潜在环境影响评价应重点强调生物效应、栖息地改变以及物理、化学变化。然而，如因物质导致潜在影响，则应对下述因素加以解释：

（1）评估该物质在海水、沉积物、生物群中较既有条件的统计学显著增加量及关联影响；

（2）评估该物质对局部和区域物质通量的贡献，以及现有通量对海洋环境和人类健康的威胁及不利影响程度。

7.8 如存在重复或多次倾倒作业，"影响假设"应考虑倾倒作业的累积影响，同时考虑本地区正在进行或计划中的其他倾倒活动间可能的相互作用。

第7.5段至第7.8段注释：对于船舶的海上处置，"废物"是固体的，这与其他废物处置造成的潜在环境影响并不相同，如液体废物，它们很容易在环境中扩散。因此，船舶的处置不必然要遵循严格的生物或化学监测标准范式。潜在污染物的重要来源应在处置前从船舶中移除。在制订监测计划时应考虑这些因素。

7.9 应根据对下述关切因素的比较评价对各处置方案进行分析：人类健康风险、环境成本、危害（包括事故）、经济和对未来用海的排他性。如评价获得的所有信息不足以确定拟处置方案的可能影响，包括潜在的长期有害后果，则不应进一步考虑该方案。此外，如比较评价表明倾倒方案并非最佳方案，则不应颁发倾倒许可证。

7.10 各评价报告应给出是否支持颁发倾倒许可证的结论。

7.11 需要开展监测时，"假设"中描述的环境影响和参数应当用于指导现场和分析工作，从而能够最有效和最经济地获得相关信息。

8 监测

8.1 监测用于验证是否符合许可条件（符合性监测），以及许可证审查和倾倒区选划过程中提出的假设是否正确并足以保护环境和人类健康（现场监测）。监测方案具有清晰明确的目标很关键。

8.2 "影响假设"是设计现场监测的基础。监测方案必须能确定倾倒区内的变化在预测范围内，监测方案必须解决下述问题：

（1）从"影响假设"中可得出哪些可检验的假设？

（2）通过哪些测量（类型、位置、频率、性能要求）检验这些假设？

（3）如何管理和解释获得的数据？

8.3 通常假定倾倒申请材料中已包含拟选倾倒区的现状（处置前）的详尽说明，但如不足以得出"影响假设"，申请者应在主管部门对许可证申请作出最终决定前提供更多的资料。

8.4 许可证颁发的主管部门在制订和完善监测方案时应考虑有关的研究信息，监测可分为两类：一是预测影响范围内的监测；二是预测影响范围外的监测。

8.5 监测应能确定影响区域及影响区域外的变化程度是否与预测的不同。前者可通过布设连续（时、空）站位监测以确定空间变化不超过计划范围；后者可通过测定倾倒作业导致影响区域外的变化程度来解决。这些监测通常建立在"零假设"基础上，即未能检出任何显著变化。

8.6 应根据监测方案的目标，定期对监测结果（或其他相关的研究信息）进行评价，并为下述决策提供依据：
（1）修改或终止现场监测方案；
（2）更改或吊销许可证；
（3）重新界定或关闭倾倒区；
（4）修改倾倒申请的评价依据。

9 许可证及许可条件

9.1 许可过程应包括下列关键内容：所选处置方案的最佳环境方案（第5.2段）描述；船舶清理；相关部门检查和确认其确实进行了充分的清理；颁发许可证。国家许可主管部门应确保将经纬坐标、深度、被倾倒至海底的船舶尺寸范围通告相应的水文调查部门。国家许可主管部门还应确保预先将倾倒活动通知国家水运、渔业和水文调查部门。颁发的每个许可证都必须附有下列数据和资料：
（1）船舶的名称、类型和吨位；
（2）倾倒区的位置；
（3）倾倒的方法；
（4）监测及报告的要求。

9.2 若确定倾倒为最终处置方案，则必须事先颁发授权倾倒的许可证。建议在许可过程中提供公众审议和参与的机会。颁发许可证意味着许可主管部门接受了假定发生在倾倒区范围内的影响，如局部环境物理、化学和生物属性的改变。

9.3 管理者应考虑技术能力及经济、社会和政治关切始终致力于执行相关程序以切实确保环境变化远低于容许限度。

9.4 应考虑监测结果和监测方案的目标对许可证进行定期审查。通过审查监测结果，确定现场方案是否需延续、修改或终止，并有助于对许可证作出延续、修改或吊销的知情决定。定期审查也是保护人类健康和海洋环境的重要反馈机制。

平台与其他人造结构物评价指南

1 引言

1.1 海上油气平台及其他人造结构物专项评价指南适用于国家主管部门对海洋倾倒活动的管理，为主管部门依据《伦敦公约》或《96议定书》的要求评价废物倾倒申请提供指导。通用指南和专项评价指南的使用是对《96议定书》附件2的补充，而非替代。

1.2 依据《96议定书》，除明确列入附件1的物质外，禁止倾倒废物或其他物质。因此，在《96议定书》背景下，本指南适用于附件1所列的物质。《伦敦公约》禁止倾倒特定的废物或其他物质，因而本指南适用于《伦敦公约》附件未禁止倾倒的废物。在《伦敦公约》背景下应用本指南时，不应将其作为重新考虑倾倒附件I所禁止的废物或其他物质的工具。

1.3 图7所示的应用流程图清晰地指明了应作出重要决策的各个阶段，该流程图并未设计成传统的"决策树"。一般来说，国家主管部门应以迭代方式运用此流程图，确保作出许可决定前考虑所有步骤。图7阐明了《96议定书》附件2各部分间的关系，主要内容如下：

（1）废物防止审查（第2部分）；

（2）平台及人造结构物：废物管理方案（第3部分）；

（3）废物特性表征：化学、物理特性（第4部分）；

（4）海上处置：最佳环境方案（第5部分，行动清单）；

（5）倾倒区识别和表征（第6部分，倾倒区选划）；

（6）确定潜在影响，提出影响假设（第7部分，潜在影响评价）；

（7）颁发许可证（第9部分，许可证及许可条件）；

（8）工程实施与符合性监测（第8部分，监测）；

（9）现场监测与评价（第8部分，监测）。

1.4 本专项指南适用于海上平台或其他人造结构物，旨在为遵守《96议定书》附件2而提供进一步的说明，既不严于也不宽于附件2的规定。

1.5 本指南列出了海上平台及其他人造结构物处置时需考虑的因素，特别强调在选择海上处置作为最佳方案之要开展替代方案评估的必要性。

1.6 为本指南的目的，平台被定义为生产、加工、储存矿物资源或为矿物资源生产配套而设计和运行的设施。

1.7 《伦敦公约》和《96议定书》未明确定义什么是"其他海上人造结构物"，

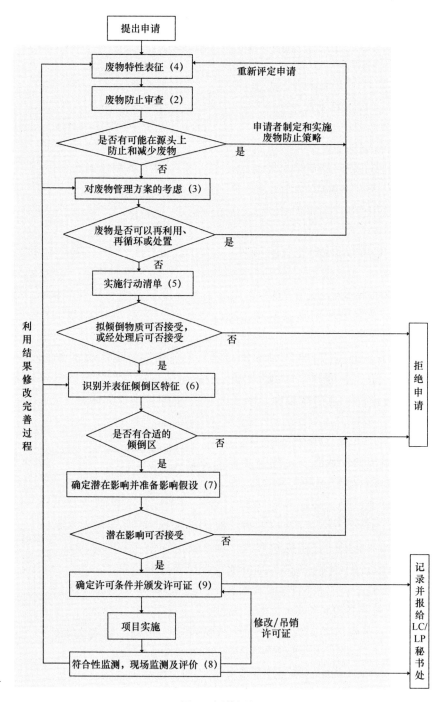

图 7　评估框架

66

但可包括灯塔、浮标、近岸中转设施。船舶海洋倾倒评估则依据独立的专项指南开展。

2 废物防止审查

2.1 在评估倾倒替代方案的初始阶段，应视情况评价产生的废物类型、数量和相对危害（另见下文第 4 部分）。

2.2 一般而言，如废物审查表明存在废物源头防止的可能性，则申请人应与有关地方和国家机构合作，制定和实施废物防止策略，包括具体的废物减量目标以及为确保实现这些目标而作进一步废物防止审查的规定。许可证的颁发和更新决定应确保符合任何由此产生的减少和防止废物的要求。

注：本段内容与海上平台及其他人造结构物处置并无直接关联，但有必要申明依据《96 议定书》的规定，有减少此种处置需求的义务。

3 平台及人造结构物：废物管理方案

3.1 当平台或其他人造结构物不再使用后，存在多种处置方案，从海上/陆上再利用到再循环或拆解，最终到海上或陆上处置。上部设备，包括生产、加工、发电厂/机械、存储、运输和住宿等设施通常被移至岸上进行回收或再利用。

3.2 在申请海上处置平台或其他人造结构物时，应阐述已考虑了不同的管理方案。一般来说，海上处置平台的准备工作，涉及油气平台关闭或平台再利用、再循环或处置的规划与执行。按优先顺序，废物管理方案的基本步骤如下：

（1）规划，包括工程、安全、经济和环境分析；

（2）原址移除全部或部分油气平台；

（3）对移除部分的再利用、再循环或处置；

（4）必要时对未移除部分进行清理；

（5）酌情开展现场清洁。

3.3 许可主管部门如确定废物存在对人类健康和环境无不适当的风险或不产生过度费用的再利用、再循环或处置的可能性，则应拒绝颁发废物或其他物质倾倒许可证。应根据倾倒和替代方案的风险比较评价来考虑其他处置方案的实际可行性。

3.4 风险比较评价应考虑如下因素：

1）环境潜在影响：

（1）对海洋生物栖息地和生物群落的影响；

（2）对海洋其他合法用途的影响；

（3）陆上再利用、再循环或处置造成的影响，包括对土地、地表和地下水以及空气污染的潜在影响；

（4）每项再利用、再循环或处置方案的能源和材料使用（包括对能源和材料使用与节省的全面评价）造成的影响，包括运输及其产生的影响（即次级影响）。

2）人类健康潜在影响：

（1）明确暴露途径，分析海上和陆上再利用、再循环和处置方案的潜在影响，包括由于使用能源造成的潜在次级影响；

（2）量化和评估与陆上再利用、再循环、处置以及海上处置相关的安全风险。

3）技术及实际的可行性：

（1）按照平台具体的类型、尺寸、重量评估工程能力；

（2）考虑平台特征和海洋学因素，识别处置替代方案的实际局限性。

4）经济性考察：

（1）分析平台再利用、再循环或处置替代方案的全部成本，包括次级影响；

（2）根据获益，如资源保护及钢铁回收的经济获利，重新审查成本。

4 废物特性表征：化学和物理特性

4.1 应制订包括鉴定潜在污染源专项活动在内的污染防止计划。计划的目的是确保最大程度地清理可能对海洋环境产生潜在污染的废物（或其他有可能产生漂浮垃圾的物质和材料）。

4.2 对潜在污染源的详尽描述和特性表征（包括化学的和生物的）是决定是否允许平台或其他人造结构物海洋倾倒的重要前提。如已按要求制订并实施与污染防治计划以及5.2段所描述的最佳环境方案，则不需要通过化学和生物测试进行特性表征。

4.3 分析海上处置平台或其他人造结构物对海洋环境潜在的不利影响时应考虑倾倒区的特性，包括生态资源和海洋学特性（见本指南第6部分，倾倒区选划）。

4.4 污染防止计划应考虑以下方面：

1）平台/结构物生产、加工和运输设施中废物的潜在来源、数量以及相对潜在危害；

2）下列降低/防止污染技术的可行性：

（1）管路、箱槽及结构物的清洗（包括对产生的废物进行环境无害化管理）；

（2）全部或部分平台组件的再利用、再循环或人造结构物陆上处置，特别注意顶部结构及其配件。

4.5 从海洋污染的角度来说，平台或其他人造结构物的主要部件（钢铁和混凝土）并非是首要关切所在。然而，在考察平台管理方案时，应关注一系列与平台生产过程及操作相关的潜在污染源，可包括：

（1）油气管道设施及存储池包括钻井泥浆保存/再加工容器内的烃类化合物的量、低放射性比活度尺度和其他污染物；

（2）油气生产使用的相关化学原料，如防腐剂、杀菌剂、消泡剂、破乳剂；

（3）平台设施的润滑剂和冷却剂；

（4）燃料。

4.6 平台上可能含有需关切物质的物品包括：

（1）电子设备（如变压器、电池、蓄电池）；

（2）冷却器；

（3）洗涤器；

（4）分离器；

（5）热交换器；

（6）钻井耗材存储设备，包括大容量泥浆储存器；

（7）产品及其他化学品存储设备；

（8）柴油机柜及大容量存储柜；

（9）油漆；

（10）防蚀消耗阳极电池；

（11）消防/防卫设备；

（12）管道系统；

（13）泵；

（14）发动机组；

（15）发电机组；

（16）存储罐；

（17）其他存储容器；

（18）液压系统；

（19）管材和钻井柱；

（20）气体脱水装置；

（21）气体脱硫装置；

（22）直升机加油系统；

（23）管道、阀门和配件；

（24）压缩机；

（25）绝缘系统。

4.7 其他人造结构物的潜在污染源评价工作应参照第4.1段至第4.6段针对平台的要求开展适宜的评估。

4.8 在进行海上平台/结构物处置时不需进行通常情况下的废物特性表征，因为不需进行实际的化学和生物测试即可了解平台/结构物的化学、物理、生物特性（第4.1段至第4.6段和下文的第5部分）。

5 海上处置：最佳环境方案（行动清单）

5.1 应在海上处置前清除平台/结构物上可能对海洋环境造成危害的污染物质。因此，应通过执行污染防止计划（第4部分）和最佳环境方案（第5.2段）满足对平台/结构物的行动限值，以确保进行最大程度的清洁。应遵循下段阐述的特别针对平台/结构物的最佳环境方案。

5.2 应对拟进行海上处置的平台/结构物实施下述的污染防止和清洁技术。在技术和经济条件可行并考虑了工人安全的前提下，应按如下所述最大程度地清理平台/结构物的烃类化合物或其他会导致海洋环境污染的物质，移除能够产生漂浮垃圾的材料：

（1）移除对安全、人类健康、海洋环境的生态和美观造成负面影响的漂浮材料；

（2）移除碳氢化合物、工业或商业化学品、钻井泥浆或可能对海洋环境构成不利风险的废物；

（3）如果平台夹套的任何部分用于储存碳氢化合物或化学物质，如集成在护套腿部的罐中，则应冲洗、清理，并酌情密封或堵塞这些区域；

（4）为防止有害物质释放对海洋环境产生不利影响，在处置之前必须采取环境无害化方式对槽罐、管道及其他平台设施及表面进行清洁，如添加清洁剂的高压冲洗方法。所产生的洗涤水应回收至陆上处理或者根据国家或地区标准在海上处理。

5.3 在本指南的管辖范围之外，应在合理和技术可行的范围内清除平台或其他人工结构物周围可能干扰海洋其他合法使用的碎片。

6 倾倒区选划

倾倒区选划的考虑

6.1 选划适宜的海洋倾倒区对于接收废物至关重要。

6.2 选划倾倒区需要的信息包括：

（1）海床及附近海域的物理与生物特性，包括提供环境效益的可能性，以及拟选倾倒区所在区域的海洋学特征；

（2）便利设施的位置、海洋的价值和其他用海；

（3）基于海洋环境中现有物质通量评价倾倒废物中该成分的通量；

（4）经济与作业的可行性。

6.3 海洋环境保护科学联合专家组（GESAMP）的一份报告(《海洋倾倒区选划科学标准》)，列出了有关倾倒区选划的程序指南。在选划倾倒区前，必须掌握拟选倾倒区周边海洋环境的海洋学数据，可通过科学文献获取这些参数，同时还应进行现场调查以弥补文献资料的不足。为处置平台/结构物选划倾倒区，对海洋学特性的要求要宽松得多，但必须包含第6.4段规定的内容。通常所需的信息包括：

（1）海床的特性，包括地形学、地球化学与地质学特征、生物组成和活动、软硬底栖栖息地的识别，以及影响该区域的倾倒前的活动；

（2）水体的物理特性，包括温度、水深、可能存在的温度和密度跃层，其随季节和气候条件的深度变化、潮期与潮流椭圆的方向、表层和底层漂移的平均流向和流速、由风暴潮引起的底层流流速、普通风浪特征、每年平均风暴天数、悬浮物等；

（3）水体的化学和生物特性，包括 pH 值、盐度、表底层溶解氧、化学和生物需氧量、营养盐及其各种形态以及初级生产力。

6.4 在确定倾倒区具体位置时，应考虑的一些重要便利设施、生物特性和用海途径，包括：

（1）海岸线和滨海浴场；

（2）风景区或具有重要文化和历史意义的区域；

（3）特别具有科学或生物学意义的区域，如保护区；

（4）渔场；

（5）产卵场、育幼场和资源补充区；

（6）生物迁徙路径；

（7）季节性和关键栖息地；

（8）航道；

（9）军事禁区；

（10）海底工程利用情况，包括采矿、海底电缆、海水淡化、能源转换区域。

倾倒区的规模

6.5 倾倒区的规模是评估倾倒区内能否处置多个平台的重要考虑因素：

（1）倾倒区的规模应足够大，保证大部分废物在倾倒后仍堆积在倾倒区内或预测影响范围内；

（2）倾倒区的规模与预期倾倒量相比应足够大，保证倾倒区能使用数年；

（3）考虑到倾倒区监测将花费大量时间与经费，倾倒区的规模应适度。

倾倒区容量

6.6 为评估倾倒区的容量，尤其是固体废物，应考虑下述因素：

（1）预期的日、周、月或年倾倒量；

（2）是否为扩散型倾倒区；

（3）因堆积导致的倾倒区水深减少的容许量。

潜在影响评估

6.7 确定平台或其他人造结构物在某一区域海上处置的合理性时，重点应预测对该区域和相邻区域的生物栖息地和海洋生物群落（例如，珊瑚礁和软底生物群落）可能造成的影响程度。

注：下面的第6.8段至第6.13段是关于环境影响的，但如已实施了污染防止计划（第4部分）和最佳环境方案（第5.2段），则本内容仅作参考。

6.8 某物质对生物的不利影响程度是该生物（包括人类）暴露水平的函数。暴露水平又尤其是污染物输入通量以及控制污染物转移、行为、归趋和分布的物理、化学及生物作用的函数。

6.9 由于天然物质以及污染物的普遍存在，拟倾倒废物所含的全部物质对生物均存在某种程度上的预暴露，因此有害物质暴露应关注倾倒导致的额外暴露，即在考虑输入通量时，应重点关注去除其他途径的既有输入通量后，由倾倒导致的相对物质输入通量。

6.10 因此，有必要适当地考虑倾倒区周边局部和区域内由倾倒引起的相对物质通量。如可预测到倾倒活动将对自然过程产生的既有输入通量造成实质性增强，则不建议选择该区域作为拟选倾倒区。

6.11 对于合成物质而言，倾倒活动所产生的通量和倾倒区周边区域既有通量之间的关系不适宜作为决策依据。

6.12 应当考虑时间特征以确定每年不宜倾倒的关键期（如海洋生物活动期）。上述考虑能够确定倾倒活动影响较弱的时期，但如果此类限定条件使得倾倒任务过于繁重或花费巨大，则可采取妥协方案，优先保护那些完全不应被干扰的物种。上述生物学考虑举例如下：

（1）海洋生物从生态系统的一部分向另一部分的迁徙期（例如，从河口到开放海域，反之亦然）、生物与育幼期；

（2）海洋生物在沉积物上/中的冬眠期或蛰伏期；

（3）特别敏感及濒危物种的暴露期。

污染物迁移

6.13 污染物的迁移取决于下列因素：

（1）基质类型；

（2）污染物的形态；

（3）污染物的分配；

（4）系统的物理状态，如温度、水流、悬浮物；

（5）系统的物理化学状态；

（6）扩散范围和水平对流路径；

（7）生物活动，如生物扰动。

7 潜在影响评价

7.1 潜在影响评价应得出对海上或陆上处置方案预期后果的简明陈述，即"影响假设"，从而为决定批准或拒绝拟处置方案和明确环境监测要求提供基础。废物管理方案应立足于尽可能避免污染物在环境中的扩散和稀释，优先采取必要的技术以防止污染物进入环境。

7.2 处置方案的评价应综合考虑平台及其他人造结构物的特征与拟选倾倒区的条件详细说明所选择的方案的经济和技术可行性，评估对人类健康、生物资源、便利设施、其他合法用海和整体环境的潜影响。对于平台或其他人造结构物而言，评价应基于以下前提：通过实施第4部分的污染防止计划和第5.2段的最佳环境方案，任何不利影响已被最小化且仅限于由平台/结构物在海床上的物理存在而造成因为被处置的平台/结构物主要由钢铁和混凝土（某些情况下）构成。

7.3 评价应该尽可能全面。主要的潜在影响应该在倾倒区选划过程中确定。这些影响对人类健康和环境最有威胁。从这一点出发，物理环境的改变、对人类健康的风险、海洋资源的价值减损以及干扰其他海洋合法利用，通常被视为首要关切。

7.4 在建立"影响假设"时，应特别关注但不局限于对下述对象的潜在影响：便利设施（如漂浮物）、敏感区域（如产卵场、育幼场和索饵场）、栖息地（如生物、化学和物理方面的改变）、迁徙模式和资源的商业化程度。同时，应考虑对其他用海的潜在影响，包括渔业、航行、工程用海、海洋的其他特殊使用价值和传统用海活动。

7.5 即使是最简单和无害的废物，也存在诸多物理、化学、生物影响。"影响假设"不可能包罗万象，即使最全面的"影响假设"也不可能罗列出所有可能的情形，如难以预见的影响。因此，有必要制订与"假设"直接相关的监测方案，同时作为验证假设和审议对倾倒活动和倾倒区采取的管理措施是否适宜的反馈机制。识别不确定性的来源和后果也是至关重要的。

7.6 倾倒的预期后果应包括：对受影响的栖息地、过程、物种、群落和用海情况的描述，同时，应描述清楚预期影响的确切性质（如变化、响应、干扰）。应详细量化倾倒产生的影响，这样才能准确确定现场监测要测量的变量。对于后者，预测倾倒"何地""何时"会产生影响很关键。

7.7 潜在环境影响评价应重点强调生物效应、栖息地改变以及物理、化学变化。然而，如因物质导致的潜在影响，则应对下述因素加以解释：

（1）评估该物质在海水、沉积物、生物群中较既有条件的统计学显著增加量及关联影响；

（2）评估该物质对局部和区域物质通量的贡献，以及现有通量对海洋环境和人类健康的威胁及不利影响程度。

7.8 如存在重复或多次倾倒作业，"影响假设"应考虑倾倒作业的累积影响，同时考虑本地区正在进行或计划中的其他倾倒活动间可能的相互作用。

第7.5段至第7.8段注释：对于平台/结构物的海上处置，"废物"是固体的，这与其他废物处置造成的潜在环境影响并不相同，如液体废物，它们很容易在环境中扩散。因此，平台/结构物的处置不必然要遵循严格的生物或化学监测标准范式。潜在污染物的重要来源应在处置前从平台/结构物中移除。在制订监测计划时应考虑这些因素。

7.9 应根据对下述关切因素的比较评价对各处置方案进行分析：人类健康风险、环境成本、危害（包括事故）、经济和对未来用海的排他性。如评价获得的所有信息不足以确定拟处置方案的可能影响，包括潜在的长期有害后果，则不应进一步考虑该方案。此外，如比较评价表明倾倒方案并非最佳方案，则不应颁发倾倒许可证。

7.10 各评价报告应给出是否支持颁发倾倒许可证的结论。

7.11 需要开展监测时，"假设"中描述的环境影响和参数应当用于指导现场和分析工作，从而能够最有效和最经济地获得相关信息。

8 监测

8.1 监测用于验证是否符合许可条件（符合性监测），以及许可证审查和倾倒区选划过程中提出的假设是否正确并足以保护环境和人类健康（现场监测）。监测方案具有清晰明确的目标很关键。

8.2 "影响假设"是设计现场监测的基础。监测方案必须能确定倾倒区内的变化在预测范围内，监测方案必须解决下述问题：

（1）从"影响假设"中可得出哪些可检验的假设？

（2）通过哪些测量（类型、位置、频率、性能要求）检验这些假设？

（3）如何管理和解释获得的数据？

8.3 通常假定倾倒申请材料中已包含拟选倾倒区的现状（处置前）的详尽说明，但如不足以得出"影响假设"，申请者应在主管部门对许可证申请作出最终决定前提供更多资料。

8.4 许可证颁发的主管部门在制订和完善监测方案时应考虑有关的研究信息，监测可分为两类：一是预测影响范围内的监测；二是预测影响范围外的监测。

8.5 监测应能确定影响区域及影响区域外的变化程度是否与预测的不同。前者可通过布设连续（时、空）站位监测以确定空间变化不超过计划范围；后者可通过测定倾倒作业导致影响区域外的变化程度来解决。监测通常建立在"零假设"基础上，即未能检出任何显著变化。

8.6 应根据监测方案的目标，定期对监测结果（或其他相关的研究信息）进行评价，并为下述决策提供依据：
（1）修改或终止现场监测方案；
（2）更改或吊销许可证；
（3）重新界定或关闭倾倒区；
（4）修改倾倒申请的评价依据。

9 许可证及许可条件

9.1 仅当完成全部影响评估，并明确监测要求后，才可作出是否颁发许可证的决定。许可证的规定应尽可能地确保倾倒活动的环境干扰和损害最小化、环境利益最大化。颁发的许可证必须附有下述数据及资料：
（1）所选处置方案的最佳环境方案描述，包括海上平台是否原位保留（原位竖立或原位倾覆）或海上异地处置；
（2）倾倒区位置；
（3）倾倒方法；
（4）将平台/结构物处置后在海底的坐标位置通知相关国家主管部门。

9.2 若确定倾倒为最终处置方案，则必须事先颁发授权倾倒的许可证。建议在许可过程中提供公众审议和参与的机会。颁发许可证意味着许可主管部门接受了假定发生在倾倒区范围内的影响，如局部环境物理、化学和生物属性的改变。

9.3 管理者应考虑技术能力及经济、社会和政治关切，始终致力于执行相关程序以切实确保环境变化远低于容许限度。

9.4 应考虑监测结果和监测方案的目标对许可证进行定期审查。通过审查监测结果，确定现场方案是否需延续、修改或终止，并有助于对许可证作出延续、修改或吊销的知情决定。定期审查也是保护人类健康和海洋环境的重要反馈机制。

惰性无机地质材料评价指南

1 引言

1.1 惰性无机地质材料专项评价指南适用于国家主管部门对海洋倾倒活动的管理，为主管部门依据《伦敦公约》或《96 议定书》的要求评价废物倾倒申请提供指导。通用指南和专项评价指南的使用是对《96 议定书》附件 2 的补充，而非替代。

1.2 依据《96 议定书》，除明确列入附件 1 的物质外，禁止倾倒废物或其他物质。因此，在《96 议定书》背景下，本指南适用于附件 1 所列的物质。《伦敦公约》禁止倾倒特定的废物或其他物质，因而本指南适用于《伦敦公约》附件未禁止倾倒的废物。在《伦敦公约》背景下应用本指南时，不应将其作为重新考虑倾倒附件 I 所禁止的废物或其他物质的工具。

1.3 图 8 所示的应用流程图清晰地指明了应作出重要决策的各个阶段，该流程图并未设计成传统的"决策树"。一般来说，国家主管部门应以迭代方式运用此流程图，确保作出许可决定前考虑所有步骤。图 8 阐明了《96 议定书》附件 2 各部分间的关系，主要内容如下：

（1）废物特性表征（第 4 部分，化学、物理和生物特性）；

（2）废物防止审查和废物管理方案（第 2 部分和第 3 部分）；

（3）行动清单（第 5 部分）；

（4）倾倒区的识别与表征（第 6 部分，倾倒区选划）；

（5）确定潜在影响，提出影响假设（第 7 部分，潜在影响评价）；

（6）颁发许可证（第 9 部分，许可证及许可条件）；

（7）工程实施与符合性监测（第 8 部分，监测）；

（8）现场监测与评价（第 8 部分，监测）。

1.4 本专项指南[①]适用于惰性无机地质材料，旨在为遵守《96 议定书》附件 2 而提供进一步的说明，既不严于也不宽于附件 2 的规定。

2 废物防止审查

2.1 在评估倾倒替代方案的初始阶段，应视情况开展以下评估：

1）废物的类型、数量及相对危害。由于此类物质是惰性的，相对危害局限于材料物理性质导致的危害。

---

① 《伦敦公约》缔约国第 22 次协商会议通过了本指南。

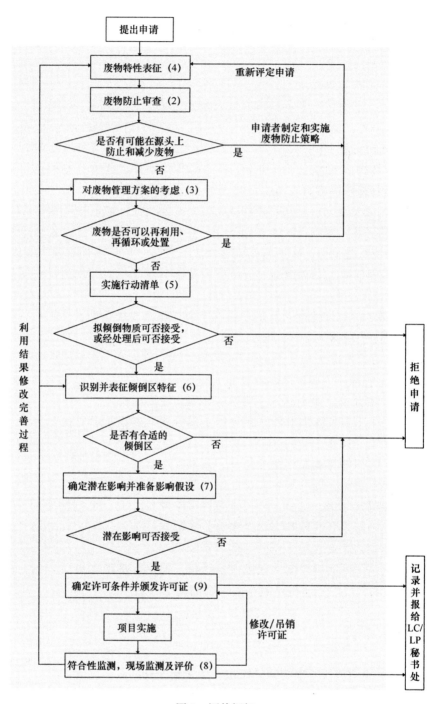

图 8 评估框架

76

2）废物的生产过程和生产过程中的废物来源。

3）下述减少/防止废物的生产技术的可行性：

(1) 清洁生产技术；

(2) 工艺改良；

(3) 原辅材料的替代；

(4) 现场，闭路再循环。

2.2 一般而言，如废物审查表明存在废物源头防止的可能性，则申请人应与有关地方和国家机构合作，制定和实施废物防止策略，包括具体的废物减量目标以及为确保实现这些目标而作进一步废物防止审查的规定。许可证的颁发和更新决定应确保符合任何由此产生的减少和防止废物的要求。

2.3 本类物质最关切的是废物最小化问题。

3 对废物管理方案的考虑

3.1 倾倒废物或其他物质的申请应表明已逐级考虑下述按环境影响递增列出的废物管理方案：

(1) 再利用，如矿井的填埋；

(2) 再循环，如道路建设和建筑材料；

(3) 陆上和水中处置。

3.2 许可主管部门如确定废物存在对人类健康和环境无不适当的风险或不产生过度费用的再利用、再循环或处置的可能性，则应拒绝颁发废物或其他物质倾倒许可证。应根据倾倒和替代方案的风险比较评价来考虑其他处置方案的实际可行性。

4 化学、物理和生物特性

4.1 应明确材料的性质和形状及其在海洋环境中被定性为地质和惰性材料的原因。由此，应表明材料的化学性质（包括生物从材料中吸收的元素和物质）造成的全部影响归因于材料的物理特性。因此，环境影响评价仅基于材料的起源、矿物学、总量及物理性质。

4.2 对材料及其成分的定性应考虑下列内容：

(1) 起源，包括矿物学、总量和拟倾倒的形式；

(2) 物理稳定性。

5 行动清单

5.1 行动清单为确定某物质是否允许倾倒提供筛选机制，是《96议定书》附件2的重要组成部分，科学组将持续审议该清单以协助各缔约国的应用。该清单也用于评价物质是否符合《伦敦公约》附件Ⅰ和附件Ⅱ的要求。惰性材料仅通过物理过程对生态系统起作用，因此一般不需详细考虑行动清单。然而，应根据行动清单的筛选机制证明拟倾倒物质是惰性的和未受污染的。

6 倾倒区选划

倾倒区选划的考虑

6.1 选划适宜的海洋倾倒区对于接收废物至关重要。

6.2 选划倾倒区需要的信息包括：

（1）水体和海床的物理、化学和生物特性；

（2）便利设施的位置、海洋的价值和其他用海；

（3）基于海洋环境中现有物质通量评价倾倒废物中该成分的通量，要特别考虑有机物通量和需氧量的相关变化，还要注意营养盐通量以及富营养化的可能性；

（4）经济与作业的可行性。

6.3 海洋环境保护科学联合专家组（GESAMP）的一份报告(《海洋倾倒区选划科学标准》)，以及最新出版的《废物评价指南教材》列出了有关倾倒区选划的程序指南。在选划倾倒区前，必须掌握拟选倾倒区周边海洋环境的海洋学数据，可以通过科学文献获取这些参数，同时还应进行现场调查以弥补文献资料的不足。依据化学和生物特性，仅需详尽审议可能对物理影响敏感的方面如窒息或浊度变化、粒径分布或沉积物迁移等。

6.4 在确定倾倒区具体位置时，应考虑的一些重要便利设施、生物特性和用海途径，包括：

（1）海岸线和滨海浴场；

（2）海上风景区或具有重要文化和历史意义的区域；

（3）具有特定的科研价值或生物学意义的区域，如保护区；

（4）渔场；

（5）产卵场、育幼场和资源补充区；

（6）生物迁徙路径；

（7）季节性和重要栖息地；

（8）航道；

（9）军事禁区；

（10）海底工程利用情况，包括采矿、海底电缆、海水淡化、能源转换区域。

倾倒区的规模

6.5 鉴于下述原因，需着重考虑倾倒区的规模：

（1）除扩散性区域外，倾倒区的规模应足够大，保证大部分废物在倾倒后仍堆积在倾倒区内或预测影响范围内；

（2）倾倒区的规模应足够大，保证预期数量的固体或液体废物倾倒后，在扩散至倾倒区边界前或至倾倒区边界时，废物的浓度被稀释接近背景水平；

（3）倾倒区的规模与预期倾倒量相比应足够大，保证倾倒区能使用数年；

（4）考虑到倾倒区监测将花费大量时间与经费，倾倒区的规模应适度。

倾倒区的容量

6.6　为评估倾倒区的容量，尤其是固体废物，应考虑下述因素：

（1）预期的日、周、月或年倾倒量；

（2）是否为扩散型倾倒区；

（3）因堆积导致的倾倒区水深减少的容许量。

潜在影响评估

6.7　由于有必要适当地考虑倾倒区周边局部和区域内由倾倒引起的相对物质通量。如可预测到倾倒活动将对自然过程产生的既有输入通量造成实质性增强，则不建议选择该区域作为倾倒区。唯一与惰性无机地质材料有关的通量是在水相中和沉积物—水界面上的沉积物传输通量。特别注意物质沉积对海洋底栖生物（如窒息、生物多样性的变化和栖息地的变化）的影响程度。

6.8　应考虑时间特征以确定每年不宜倾倒的潜在关键期（如对于海洋生物）。上述考虑能够确定倾倒活动影响较弱的时期，但如果此类限定条件使得倾倒任务过于繁重或花费巨大，则可采取妥协方案，优先保护那些完全不应被干扰的物种。上述生物学考虑举例如下：

（1）海洋生物从生态系统一部分向另一部分的迁徙期（例如，从河口到开放海域，反之亦然）、生长与育幼期；

（2）海洋生物在沉积物上/中的冬眠期或蛰伏期；

（3）特别敏感及濒危物种的暴露期。

与上述规定相关的首要关注是惰性无机地质材料对水体中生物和底栖生物的物理影响，包括那些因栖息地改变而出现的生物。

污染物的迁移

6.9　污染物的迁移取决于如下因素：

（1）基质类型；

（2）污染物的形态；

（3）系统的物理状态，如温度、水流、悬浮物；

（4）生物活动，如生物扰动。

这些因素不应与已通过符合性标准的惰性无机地质材料以及第4.1段和第5.1段给出的理由有关。

7　潜在影响评价

7.1　潜在影响评价应得出对海上或陆上处置方案预期后果的简明陈述，即"影响假设"，从而为决定批准或拒绝拟处置方案和明确环境监测要求提供基础。废物管理方案应立足于尽可能避免污染物在环境中的扩散和稀释，优先采取必要的技术以防止污染物进入环境。

7.2　应基于废物特性、拟选倾倒区的状况、通量和拟采取的处置技术等对倾倒活动进行综合评价，指明对人类健康、生物资源、便利设施和其他合法用海的潜在影响。同时，应基于合理的保守假设明确预期影响的性质、时间和空间范围及持续时间。

7.3　评价应尽可能全面。主要的潜在影响应该在倾倒区选划过程中确定。这些影响对人类健康和环境最有威胁。对物理环境的改变是惰性无机地质材料的首要关切，对栖息地和人类健康的影响、海洋资源的价值减损以及干扰其他海洋合法利用可能被视为主要关切。

7.4　在建立"影响假设"时，应特别关注但不局限于对下述对象的潜在影响：便利设施（如漂浮物）、敏感区域（如产卵场、育幼场和索饵场）、栖息地（如生物、化学和物理方面的改变）、迁徙模式和资源的商业化程度。同时，应考虑对其他用海的潜在影响，包括渔业、航行、工程用海、海洋的其他特殊使用价值和传统用海活动。

7.5　即使是最简单和无害的废物，也存在诸多物理、化学、生物影响。"影响假设"不可能包罗万象，即使最全面的"影响假设"也不可能罗列出所有可能的情形，如难以预见的影响。因此，有必要制订与假设直接相关的监测方案，同时作为验证假设和审议对倾倒活动和倾倒区采取的管理措施是否适宜的反馈机制。识别不确定性的来源和后果也是至关重要的。本文中需详细考虑的影响仅是对栖息地和海洋资源的物理影响以及对其他合法用海的干扰。

7.6　倾倒的预期后果应包括：对受影响的栖息地、过程、物种、群落和用海情况的描述，同时，应描述预期影响的确切性质（如变化、响应、干扰）。应详细量化倾倒产生的影响，这样才能准确确定现场监测要测量的变量。对于后者，预测倾倒"何地""何时"会产生影响很关键。

7.7　潜在环境影响评价应重点强调生物效应、栖息地改变以及物理、化学变化，包括：

（1）物理变化及对生物的物理影响；

（2）对沉积物迁移的影响。

7.8　如存在重复或多次倾倒作业，"影响假设"应考虑倾倒作业的累积影响，同时考虑与本地区正在进行或计划中的其他倾倒活动间可能的相互作用。

7.9　应根据对下述关切因素的比较评价对各处置方案进行分析：人类健康风险、环境成本、危害（包括事故）、经济和对未来用海的排他性。如评价获得的所有信息不足以确定拟处置方案的可能影响，包括潜在的长期有害后果，则不应进一步考虑该方案。此外，比较评价表明倾倒方案并非最佳方案，则不应颁发倾倒许可证。

7.10　各评价报告应给出是否支持颁发倾倒许可证的结论。

7.11　在需要开展监测时，"假设"中描述的影响和参数应当用于指导现场和分析工作，从而能够最有效和最经济地获得相关信息。

8　监测

8.1　监测用于验证是否符合许可条件（符合性监测），以及许可证审查和倾倒区选划过程中提出的假设是否正确并足以保护环境和人类健康（现场监测）。监测方案具有清晰明确的目标很关键。

8.2 "影响假设"是设计现场监测的基础。监测方案必须能确定倾倒区内的变化在预测范围内，监测方案必须解决下述问题：

（1）从"影响假设"中可得出哪些可检验的假设？

（2）通过哪些测量（类型、位置、频率、性能要求）检验这些假设？

（3）如何管理和解释获得的数据？

8.3 通常假定倾倒申请材料中已包含拟选倾倒区的现状（处置前）的详尽说明，但不足以得出"影响假设"，申请者应在主管部门对许可证申请作出最终决定前提供更多资料。

8.4 许可证颁发的主管部门在制订和完善监测方案时应考虑有关的研究信息，监测可分为两类：一是预测影响范围内的监测；二是预测影响范围外的监测。

8.5 监测应能确定影响区域及影响区域外的变化程度是否与预测的不同。前者可通过布设连续（时、空）站位监测以确定空间变化不超过计划范围；后者可通过测定倾倒作业导致的影响区域外的变化程度来解决。这些监测通常建立在"零假设"基础上，即未能检出任何显著变化。

8.6 应根据监测方案的目标，定期对监测结果（或其他相关的研究信息）进行评价，并为下述决策提供依据：

（1）修改或终止现场监测方案；

（2）更改或吊销许可证；

（3）重新界定或关闭倾倒区；

（4）修改废物倾倒申请的评价依据。

9 许可证及许可条件

9.1 仅当完成全部影响评估，并明确监测要求后，才可作出是否颁发许可证的决定。许可证的规定应尽可能地确保倾倒活动的环境干扰和损害最小化、环境利益最大化。颁发的许可证必须附有下述数据及资料：

（1）拟倾倒物质的类型、数量和来源；

（2）倾倒区位置；

（3）倾倒的方法；

（4）监测及报告要求。

9.2 若确定倾倒为最终处置方案，则必须事先颁发授权倾倒的许可证。建议在许可过程中提供公众审议和参与的机会。颁发许可证意味着许可主管部门接受了假定发生在倾倒区范围内的影响，如局部环境物理、化学和生物属性的改变。

9.3 管理者应考虑技术能力及经济、社会和政治关切，始终致力于执行相关程序以切实确保环境变化远低于容许限度。

9.4 应考虑监测结果和监测方案的目标对许可证进行定期审查。通过审查监测结果，确定现场方案是否需要延续、修改或终止，并有助于对许可证作出延续、修改或吊销的知情决定。定期审查也是保护人类健康和海洋环境的重要反馈机制。

附录

惰性无机地质材料的符合性标准

背景与目的

1. 1993 年修正的《伦敦公约》（LC）禁止在 1996 年 1 月 1 日后倾倒工业废物。附件 I 进一步规定"工业废物是指在生产或加工作业过程中产生的废物"，且不适用于"未受污染的化学成分不太可能释放到海洋环境中的惰性地质材料"。

2.《96 议定书》（LP）禁止倾倒未列入附件 1 中的废物或其他物质，规定"下列的废物或其他物质可考虑倾倒，但应注意第 2 条和第 3 条中所载的本议定的目标和一般义务"，包括"惰性、无机地质材料"。

3.《伦敦公约》和《96 议定书》禁止倾倒超过最低豁免放射性浓度的物质。关于怎样作出决定的单独指南详见《伦敦公约》下的最低豁免概念的应用导则，本文件不再进一步解释。

4. 本文件为初步确定拟倾倒物质是否为惰性无机地质材料，在《伦敦公约》和《96 议定书》下进一步考虑其倾倒资格提供指南。如认为拟倾倒物质有资格进行考虑，并不意味着必然获得倾倒许可证。须详尽依据《惰性无机地质材料评价指南》确定是否颁发许可证。《惰性无机地质材料评价指南》用于评估《伦敦公约》或《96 议定书》规定的可考虑倾倒废物类型的倾倒申请，包括废物防止审查、倾倒替代方案的考虑、潜在倾倒区的特性表征、潜在影响的严格评价以及监测。

5.《伦敦公约》和《96 议定书》对地质材料的措辞略有不同。[①] 本文件提供叙述性标准，用于确定材料是否为地质材料：

（1）"未受污染的且化学成分不太可能释放到海洋环境中的惰性地质材料"（《伦敦公约》术语）；

（2）"惰性、无机地质材料"（《96 议定书》术语）。

6. 如在考虑过上述标准后认为材料在相关类别范围外，它或不适宜考虑倾倒，或可能构成其他类型的废物或其他物质，宜根据其他专项评价指南进行评估。[②]

7. 为了应用本指南，有必要对考虑倾倒的废物或其他物质进行初步的定性表征。

8. 初步认定材料为"未受污染的惰性地质材料"（《伦敦公约》）或"惰性、无机地质材料"（《96 议定书》），需满足下述标准。

---

① 例如，自后者生效后，《惰性无机地质材料评价指南》对《伦敦公约》与《96 议定书》均适用。

② 其他指南适用于其他可倾倒的废物类型（疏浚物、污水污泥、渔业废料、船舶与平台、天然有机物、块状物）。

指 南

步骤 1：材料的类型——"地质"

讨论

9. 《伦敦公约》和《96 议定书》提及的材料必须是自然界地质。作为地质材料，它的成分应只来源于地球的固体部分，如岩石和矿石。此外，物理与化学过程对地质材料原始状态的改变与未被改变的材料相比不应对海洋环境产生不同或额外的影响。

判定标准

10. 确定是否为地质材料：

（1）材料是否只包含地球固体矿物部分；

（2）物理与化学过程对地质材料原始状态的改变与未被改变的材料相比不应对海洋环境产生不同或额外的影响。

11. 如果 10（1）的答案是肯定且 10（2）的答案是否定，则该材料是地质的。

12. 如 10（1）的答案是否定或 10（2）的答案是肯定，则该材料不是地质的，并且不能按惰性无机地质材料进行倾倒。

步骤 2：材料的类型——"惰性"

讨论

13. 在《伦敦公约》和《96 议定书》中，考虑倾倒的物质必须是"惰性"的。① 为满足惰性条件，地质材料及其成分在本质上必须是化学非反应性的，化学成分不太可能释放到海洋环境中。确定材料是否为惰性的首要问题是要确保倾倒物质对环境的影响仅限于物理影响。② 作出这样的决定时，不仅要考虑处置前材料的特性，也要考虑在沉积到海洋系统时，是否会发生显著的物理、化学或生物转化。

14. 确定拟倾倒材料是惰性的关键因素是掌握材料成分，包括任何潜在的污染物，以及材料暴露于海洋环境中的物理、化学或生物过程后可能发生的反应。材料若会导致急性或慢性毒性，或其成分会产生生物富集，则不应认为其是惰性的。

判定标准

15. 考虑材料处置前的性质以及海洋物理、化学或生物过程对其产生的改变，所关切的影响是否全部归因于材料的物理属性？

16. 如果肯定的，则材料是惰性的。

17. 如果上述问题的答案是否定的，则材料是非惰性的，且不应按惰性无机地质材料倾倒。

步骤 3：物质的类型——"无机"（仅《96 议定书》）③

讨论

18. 在《96 议定书》中，拟倾倒地质材料必须是无机物质。这些物质通常来源于

---

① 《伦敦公约》同时规定地质材料的化学成分必须不太可能释放进入海洋环境。根据本指南文件确定为"惰性"的材料视为满足前述《伦敦公约》的规定。

② 《惰性无机地质材料评价指南》第 5.1 段规定，合格的材料被描述为"仅通过物理过程对生态系统起作用"。

③ 《96 议定书》使用了"无机"的表述，但《伦敦公约》没有。因此，本标准仅与《96 议定书》相关。

矿物质，如沙、盐、铁、钙盐。如果材料中含有的碳氢化合物的量是偶然的或微不足道的，也被认为是无机的。

判定标准

19. 无机材料通常来源于矿物。如果其他材料含有的碳氢化合物的量是伴随的或微不足道的，也被认为是无机。确定材料是否是无机的问题：

（1）材料是否来源于无机矿物；

（2）材料中含有的碳氢化合物的量是否是偶然的或微不足道的。

20. 如果 19（1）和 19（2）的答案均为肯定，则该物质是无机的。

21. 如果 19（1）或 19（2）的答案均为否定，则不是无机材料，且不应按惰性无机地质材料倾倒。

步骤 4：物质的类型——"未受污染"（仅《伦敦公约》）①

讨论

22. 如《伦敦公约》附件 I 所述，地质材料必须未受污染。

23. 污染物是指对海洋环境具有潜在危害的物质成分并且：

（1）通过人类活动进入材料中；

（2）富集于材料中的污染物高于类似地质材料在自然状态下含有的该污染物的量值。

24. 仅暴露于周围环境中广泛散布的污染（典型如大气干湿沉降）中的材料不应被视为"受到污染"。

判定标准

25. 确定地质材料是否受到污染的问题：

（1）是否在材料源头引入污染物（如材料是否暴露在污染泄漏处或其他污染源处或污染控制不足处）；

（2）在材料后续处理或改变过程中引入或富集的污染物是否高于类似地质材料在自然状态下含有的该污染物的量值。

26. 如果上述问题的答案均为否定，则可认为该材料是未受污染的。

27. 如果上述问题有一个答案是肯定，则认为材料受到污染。因此，不应按惰性无机地质材料进行倾倒，除非证明已采取一切必要措施清除了污染物。

---

① 仅《伦敦公约》使用了"未受污染"的表述。因此，本标准仅与《伦敦公约》相关。

天然有机物评价指南

1 引言

1.1 天然有机物专项评价指南适用于国家主管部门对海洋倾倒活动的管理，为主管部门依据《伦敦公约》或《96议定书》的要求评价废物倾倒申请提供指导。通用指南和专项评价指南的使用是对《96议定书》附件2的补充，而非替代。

1.2 依据《96议定书》，除明确列入附件1的物质外，禁止倾倒废物或其他物质。因此，在《96议定书》背景下，本指南适用于附件1所列的物质。《伦敦公约》禁止倾倒特定的废物或其他物质，因而本指南适用于《伦敦公约》附件未禁止倾倒的废物。在《伦敦公约》背景下应用本指南时，不应将其作为重新考虑倾倒附件 I 所禁止的废物或其他物质的工具。

1.3 图9所示的应用流程图清晰地指明了应作出重要决策的各个阶段，该流程图并未设计成传统的"决策树"。一般来说，国家主管部门应以迭代方式运用此流程图，确保作出许可决定前考虑所有步骤。图9阐明了《96议定书》附件2各部分间的关系，主要内容如下：

（1）废物特性表征（第4部分）（化学、物理和生物特性）；

（2）废物防止审查和废物管理方案（第2部分和第3部分）；

（3）行动清单（第5部分）；

（4）倾倒区的识别与表征（第6部分）（倾倒区选划）；

（5）确定潜在影响，提出影响假设（第7部分）（潜在影响评价）；

（6）颁发许可证（第9部分）（许可证及许可条件）；

（7）工程实施与符合性监测（第8部分）（监测）；

（8）现场监测与评价（第8部分）（监测）。

1.4 本专项指南适用于天然有机物，旨在为遵守《96议定书》附件2而提供进一步的说明，既不严于也不宽于附件2的规定。

2 废物防止审查

2.1 在评估倾倒替代方案的初始阶段，应视情况开展以下评估：

（1）产生废物的类型、数量和相对危害，与材料相关的任何包装物的性质；

（2）仅当有理由相信该物质被异常污染或含有防腐剂或处理剂时，需考虑生产过程与过程中废物来源的细节。

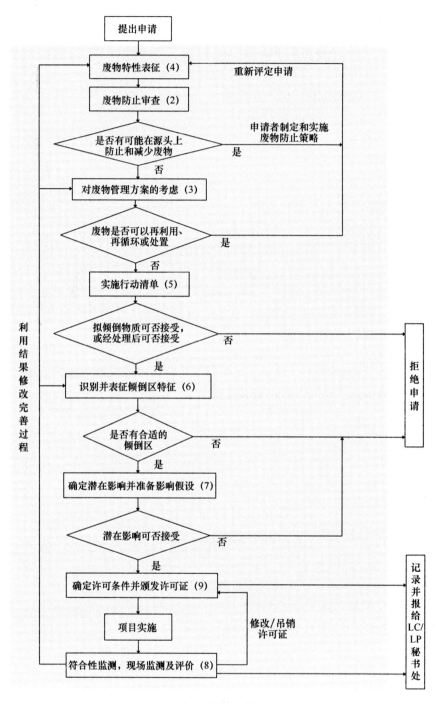

图 9 评估框架

86

3 对废物管理方案的考虑

3.1 倾倒废物或其他物质的申请应表明已逐级考虑下述按环境影响递增列出的废物管理方案：

(1) 再利用，如动物饲料、肥料或堆肥等异地再循环；

(2) 异地再循环；

(3) 破坏有害成分；

(4) 减少或消除有害成分的处理；

(5) 陆上处置，如设计适当的填埋，或燃烧/焚烧。

除非有理由相信该物质被异常污染，否则3.1（3）段和3.1（4）段中所列规定无须详细审查。

许可主管部门如确定废物存在对人类健康和环境无不适当的风险或不产生过度费用的再利用、再循环或处置的可能性，则应拒绝颁发废物或其他物质倾倒许可证。应根据倾倒和替代方案的风险比较评价来考虑其他处置方案的实际可行性。

4 化学、物理和生物特性

4.1 对废物特性的详尽描述和表征是审议倾倒替代方案的重要前提，也是决定废物是否允许倾倒的依据。如废物特性表征不足以恰当地评估废物对人类健康和环境的潜在影响，则不应允许倾倒该废物影响人类健康。由于拟倾倒的物质均为天然物质，通常不要求对天然物质的成分进行详细的描述。然而，对废物的特性表征需包括该物质的性质及其形成的环境，对于破损货物则需评估是否存在防腐剂或处理剂。如拟倾倒的有机物质包含转基因材料，应在评估其化学、物理及生物特性时考虑这个因素。

4.2 对废物及其成分的特性表征应包括下列内容：

(1) 来源、总量、形态和一般组成，以及所有包装材料的性质。

(2) 性质：物理、化学、生物化学和生物性质。该物质的比重和耗氧量与倾倒后的行为密切相关。还要对生物组成进行考察，如病原菌、病毒和寄生虫。

(3) 毒性。

(4) 稳定性：物理、化学和生物稳定性。

(5) 在生物体或沉积物中的富集和生物转化作用。

5 行动清单

5.1 行动清单为确定某物质是否允许倾倒提供筛选机制，是《96议定书》附件2的重要组成部分，科学组将持续审议该清单以协助各缔约国的应用。该清单也用于评价物质是否符合《伦敦公约》附件Ⅰ和附件Ⅱ的要求。由于拟倾倒物质属天然材质，只对质疑该物质因生成的环境而被有害物质（包括防腐剂与处理剂）异常沾污时，本部分内容才具有相关性。

5.2　各缔约国应制定国家行动清单，基于申请处置的废物及其组分对人类健康和海洋环境的潜在影响对废物进行筛选。在选择列入行动清单的物质时，应优先考虑人类活动产生的有毒、持久以及具有生物累积性的物质（如镉、汞、有机卤化物、石油烃类，必要时包括砷、铅、铜、锌、铍、铬、镍、钒、有机硅化合物、氰化物、氟化物和杀虫剂、非卤化有机物及其他的副产品）。行动清单还可作为进一步废物防止审查的启动机制。

5.3　作为独立的废物类型，应该基于浓度限值、生物响应、环境质量标准、通量考虑和其他参照值来确定国家行动水平。

5.4　行动清单应指明上限水平，也可指明下限水平。上限水平应能避免对人类健康或对海洋生态系统中有代表性的敏感海洋生物产生急性或慢性影响。行动清单可将废物分为三类：

（1）含有特定物质或造成生物反应的废物超过相应的上限水平时，若不采取必要的管理技术及工艺进行处理，则不能直接倾倒；

（2）含有特定物质或造成生物反应的废物低于相应的下限水平，其倾倒对环境影响极小；

（3）含有特定物质或造成生物反应的废物低于相应的上限水平，但高于相应的下限水平，则需进行详尽评价后决定是否允许倾倒。

6　倾倒区选划

倾倒区选划的考虑

6.1　选划适宜的海洋倾倒区对于接收废物至关重要。

6.2　选划倾倒区需要的信息包括：

（1）水体和海床的物理、化学和生物特性；

（2）便利设施的位置、海洋的价值和其他用海；

（3）基于海洋环境中现有物质通量评价倾倒废物中该成分的通量，要特别考虑有机物通量和需氧量的相关变化，还要注意营养盐通量以及富营养化的可能性；

（4）经济与作业的可行性。

6.3　海洋环境保护科学联合专家组（GESAMP）的一份报告（《海洋倾倒区选划科学标准》）列出了有关倾倒区选划的程序指南。在选划倾倒区前，必须掌握拟选倾倒区周边海洋环境的海洋学数据。可以通过科学文献获取这些参数，同时还应进行现场调查以弥补文献资料的不足。所需信息包括：

（1）海床的特性，包括地形学、地球化学与地质学特征、生物组成和活动以及影响该区域的倾倒前的活动；

（2）水体的物理特性，包括温度、水深、可能存在的温度或密度跃层及其随季节和气候条件的深度变化、潮期与潮流椭圆的方向、表层和底层漂移的平均流向和流速、由风暴潮引起的底层流流速、普通风浪特征、每年平均风暴天数、悬浮物等；

（3）水体的化学和生物特性，包括 pH 值、盐度、表底层溶解氧、化学和生物需氧量、营养盐及其各种形态以及初级生产力。

6.4 在确定倾倒区具体位置时，应考虑的一些重要便利设施、生物特性和用海途径，包括：

（1）海岸线和滨海浴场；

（2）风景区或具有重要文化和历史意义的区域；

（3）特别具有科学或生物学意义的区域，如保护区；

（4）渔场；

（5）产卵场、育幼场和资源补充区；

（6）生物迁徙路径；

（7）季节性和重要栖息地；

（8）航道；

（9）军事禁区；

（10）海底工程利用情况，包括采矿、海底电缆、海水淡化、能源转换区域。

倾倒区的规模

6.5 鉴于下述原因，需着重考虑倾倒区的规模：

（1）除扩散性区域外，倾倒区的规模应足够大，保证大部分废物在倾倒后仍堆积在倾倒区内或预测影响范围内；

（2）倾倒区的规模应足够大，保证预期量的固体或液体废物倾倒后，在扩散至倾倒区边界前或至倾倒区边界时，废物的浓度被稀释接近背景水平；

（3）倾倒区的规模与预期倾倒量相比应足够大，保证倾倒区能使用数年；

（4）考虑到倾倒区监测将花费大量时间与经费，倾倒区的规模应适度。

倾倒区的容量

6.6 为评估倾倒区的容量，尤其是固体废物，应考虑下述因素：

（1）预期的日、周、月或年倾倒量；

（2）是否为扩散型倾倒区；

（3）因堆积导致倾倒区水深减少的容许量。

要特别注意水相中溶解氧的减少和沉积物中氧化还原条件的变化。

潜在影响评估

6.7 废物倾倒增加了生物暴露，由此引起的不利影响程度是决定某种废物是否适于在指定倾倒区进行倾倒的重要因素。在不需考虑海洋环境中生物需氧量和相关的氧损耗的情况下，不需详细考虑第 6.7 段至第 6.11 段中的内容。

6.8 某物质对生物的不利影响程度部分取决于该生物（包括人类）的暴露程度。暴露水平又尤其是污染物输入通量，以及控制污染物迁移、行为、归趋和分布的物理、化学及生物作用的函数。

6.9 由于天然物质以及污染物的普遍存在，拟倾倒废物所含的全部物质对生物均存在某种程度上的预暴露，因此有害物质暴露应关注倾倒导致的额外暴露，即在考虑输入通量时，应重点关注去除其他途径的既有输入通量后，由倾倒导致的相对物质输入通量。

6.10　因此，有必要适当地考虑倾倒区周边局部和区域内由倾倒引起的相对物质通量。如可预测到倾倒活动将对自然过程产生的既有输入通量造成实质性增强，则不建议选择该区域作为倾倒区。

6.11　对于合成物质而言，倾倒活动所产生的通量和倾倒区周边区域既有通量之间的关系不适宜作为决策依据。若没有证据表明该物质已被异常污染或经过防腐和其他处理，本段规定无须详细审议。

6.12　应考虑时间特征以确定每年不宜倾倒的潜在关键期（如对于海洋生物）。上述考虑能够确定倾倒活动影响较弱的时期，但如果此类限定条件使得倾倒任务过于繁重或花费巨大，则可采取妥协方案，优先保护那些完全不应被干扰的物种。上述生物学考虑举例如下：

（1）海洋生物从生态系统的一部分向另一部分的迁徙期（例如，从河口到开放海域，反之亦然）、生长与育幼期；

（2）海洋生物在沉积物上/中的冬眠期或蛰伏期；

（3）特别敏感及濒危物种的暴露期。

污染物的迁移

6.13　污染物的迁移取决于下列因素：

（1）基质类型；

（2）污染物的形态；

（3）污染物的分配；

（4）系统的物理状态，如温度、水流、悬浮物；

（5）系统的物理化学状态；

（6）扩散范围和水平对流路径；

（7）生物活动，如生物扰动。

在不需考虑海洋环境中生物需氧量和相关的氧损耗的情况下，不需详细考虑本段内容。

7　潜在影响评价

7.1　潜在影响评价应得出对海上或陆上处置方案预期后果的简明陈述，即"影响假设"，从而为决定批准或拒绝拟处置方案和明确环境监测要求提供基础。废物管理方案应立足于尽可能地避免污染物在环境中的扩散和稀释，优先采取必要的技术以防止污染物进入环境。本章关注的潜在环境影响包括：

（1）基于密度和浮力的物质归趋；

（2）任何防腐剂和处理剂的影响。

7.2　应基于废物特性、拟选倾倒区的状况、通量和拟采取的处置技术等对倾倒活动进行综合评价，指明对人类健康、生物资源、便利设施和其他合法用海的潜在影响。同时，应基于合理的保守假设明确预期影响的性质、时间和空间范围及持续时间。

7.3 评价应尽可能全面。主要的潜在影响应该在倾倒区选划过程中确定。这些影响对人类健康和环境最有威胁。从这一点出发，物理环境的改变、人类健康的风险、海洋资源的价值减损以及干扰其他海洋合法利用，通常被视为首要关切。

7.4 在建立"影响假设"时，应特别关注但不局限于对下述对象的潜在影响：便利设施（如漂浮物）、敏感区域（如产卵场、育幼场和索饵场）、栖息地（如生物、化学和物理方面的改变）、迁徙模式和资源的商业化程度。同时，应考虑对其他用海的潜在影响，包括渔业、航行、工程用海、海洋的其他特殊使用价值和传统用海活动。

7.5 即使是最简单和无害的废物，也存在诸多物理、化学、生物影响。"影响假设"不可能包罗万象，即使最全面的"影响假设"也不可能罗列出所有可能的情形，如难以预见的影响。因此，有必要制订与假设直接相关的监测方案，同时作为验证假设和审议对倾倒活动和倾倒区采取的管理措施是否适宜的反馈机制。识别不确定性的来源和后果也是至关重要的。

7.6 倾倒的预期后果应包括：对受影响的栖息地、过程、物种、群落和用海情况的描述，同时，应描述预期影响的确切性质（如变化、响应、干扰）。应详细量化倾倒产生的影响，这样才能准确确定现场监测要测量的变量。对于后者，预测倾倒"何地""何时"会产生影响很关键。

7.7 潜在环境影响评价应重点强调生物效应、栖息地改变以及物理、化学变化。然而，如因物质导致潜在影响，则应对下述因素加以解释：

（1）评估该物质在海水、沉积物、生物群中较既有条件的统计学显著增加量及关联影响；

（2）评估该物质对局部和区域物质通量的贡献以及现有通量对海洋环境或人类健康的威胁及不利影响程度。需要特别注意有机碳通量引起的额外耗氧量。

7.8 如存在重复或多次倾倒作业，"影响假设"应考虑倾倒作业的累积影响，同时考虑与本地区正在进行和计划中的其他倾倒活动间可能的相互作用。

7.9 应根据对下述关切因素的比较评价对各处置方案进行分析：人类健康风险、环境成本、危害（包括事故）、经济和对未来用海的排他性。如评价获得的所有信息不足以确定拟处置方案的可能影响，包括潜在的长期有害后果，则不应进一步考虑该方案。此外，比较评价表明倾倒方案并非最佳方案，则不应颁发倾倒许可证。

7.10 各评价报告应给出是否支持颁发倾倒许可证的结论。

7.11 在需要开展监测时，"假设"中描述的影响和参数应当用于指导现场和分析工作，从而能够最有效和最经济地获得相关信息。

8 监测

8.1 监测用于验证是否符合许可条件（符合性监测），以及许可证审查和倾倒区选划过程中提出的假设是否正确并足以保护环境和人类健康（现场监测）。监测方案具有清晰明确的目标很关键。

8.2 "影响假设"是设计现场监测的基础。监测方案必须能确定倾倒区内的变化在预测范围内，监测方案必须解决下述问题：

（1）从"影响假设"中可得出哪些可检验的假设？

（2）通过哪些测量（类型、位置、频率、性能要求）检验这些假设？

（3）如何管理和解释获得的数据？

8.3 通常假定倾倒申请材料中已包含拟选倾倒区的现状（处置前）的详尽说明，但不足以得出"影响假设"，申请者应在主管部门对许可证申请作出最终决定前提供更多的资料。

8.4 许可证颁发的主管部门在制订和完善监测方案时应考虑有关的研究信息，监测可分为两类：一是预测影响范围内的监测；二是预测影响范围外的监测。

8.5 监测应能确定影响区域及影响区域外的变化程度是否与预测的不同。前者可通过布设连续（时、空）站位监测以确定空间变化不超过计划范围；后者可通过测定倾倒作业导致的影响区域外的变化程度来解决。这些监测通常建立在"零假设"基础上，即未能检出任何显著变化。

8.6 应根据监测方案的目标，定期对监测结果（或其他相关的研究信息）进行评价，并为下述决策提供依据：

（1）修改或终止现场监测方案；

（2）更改或吊销许可证；

（3）重新界定或关闭倾倒区；

（4）修改废物倾倒申请的评价依据。

9 许可证及许可条件

9.1 仅当完成全部影响评估，并明确监测要求后，才可作出是否颁发许可证的决定。许可证的规定应尽可能确保倾倒活动的环境干扰和损害最小化、环境利益最大化。颁发的许可证必须附有下述数据及资料：

（1）拟倾倒物质的类型、数量和来源；

（2）倾倒区位置；

（3）倾倒的方法；

（4）监测及报告要求。

9.2 若确定倾倒为最终处置方案，则必须事先颁发授权倾倒的许可证。建议在许可过程中提供公众审议和参与的机会。颁发许可证意味着许可主管部门接受了假定发生在倾倒区范围内的影响，如局部环境物理、化学和生物属性的改变。

9.3 管理者应考虑技术能力及经济、社会和政治关切，始终致力于执行相关程序以切实确保环境变化远低于容许限度。

9.4 应考虑监测结果和监测方案的目标对许可证进行定期审查。通过审查监测结果，确定现场方案是否需延续、修改或终止，并有助于对许可证作出延续、修改或吊销的知情决定。定期审查也是保护人类健康和海洋环境的重要反馈机制。

块状物评价指南

1 引言

1.1 主要由钢等组成的块状物专项评价指南[①]，适用于国家主管部门对海洋倾倒活动的管理，为主管部门依据《伦敦公约》或《96议定书》的要求评价废物倾倒申请提供指导。通用指南和专项评价指南的使用是对《96议定书》附件2的补充，而非替代。

1.2 依据《96议定书》，除明确列入附件1的物质外，禁止倾倒废物或其他物质。因此，在《96议定书》背景下，本指南适用于附件1所列的物质。《伦敦公约》禁止倾倒特定的废物或其他物质，因而本指南适用于《伦敦公约》附件未禁止倾倒的废物。在《伦敦公约》背景下应用本指南时，不应将其作为重新考虑倾倒附件Ⅰ所禁止的废物或其他物质的工具。

1.3 图10所示的应用流程图清晰地指明了应作出重要决策的各个阶段，该流程图并未设计成传统的"决策树"。一般来说，国家主管部门应以迭代方式运用此流程图，确保作出许可决定前考虑所有步骤。国家主管部门应根据本国科学、技术和经济能力，考虑相关科学和技术的快速进步，力求更新指南各步骤相关的科学技术知识。图10阐明了《96议定书》附件2各部分间的关系，主要内容如下：

（1）废物特性表征（第4部分，化学、物理和生物特性）；

（2）废物防止审查和废物管理方案（第2部分和第3部分）；

（3）行动清单（第5部分）；

（4）倾倒区的识别与表征（第6部分，倾倒区选划）；

（5）确定潜在影响，提出影响假设（第7部分，潜在影响评价）；

（6）颁发许可证（第9部分，许可证及许可条件）；

（7）工程实施与符合性监测（第8部分，监测）；

（8）现场监测与评价（第8部分，监测）。

1.4 本专项指南[②]适用于主要由钢等组成的块状物，旨在为遵守《96议定书》附件2而提供进一步的说明，既不严于也不宽于附件2的规定。

[①] 主要包括铁、钢、混凝土和类似的无害物质，其中关注的是物理影响，并且限于诸如具有孤立社区的小岛屿等地产生这种废物的情况，除了倾倒之外没有切实可行的处置方式（《96议定书》附件1第1.7条）。

[②] 这些专项指南第一版于2000年通过，其修订版本由《伦敦公约》和《96议定书》的理事机构于2010年完成。

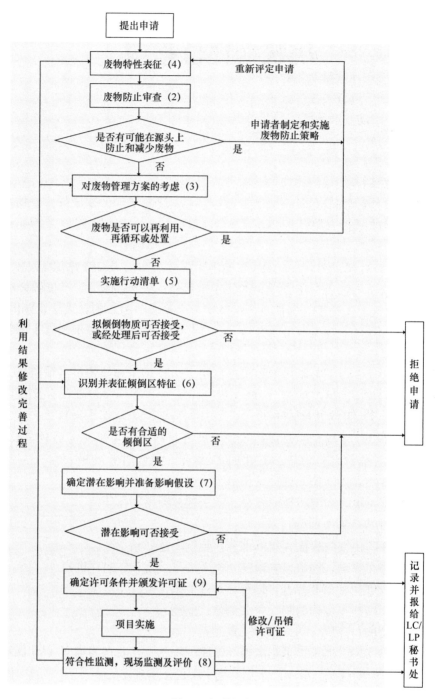

图 10　评估框架

94

2 废物防止审查

2.1 在评价倾倒替代方案的最初阶段，应视情况评价包括：

1) 废物的类型、数量及相对危害。

2) 废物的生产过程及生产过程中的废物来源。

3) 废物减少/防止技术的可行性包括：

(1) 产品改造；

(2) 清洁生产技术；

(3) 工艺改良；

(4) 原辅材料的替代；

(5) 现场、闭路再循环。

2.1 (3) 涉及的技术不适于《伦敦公约》或《96 议定书》中规定的禁止处置的废物或其他物质。《96 议定书》可在应用这些技术后再考虑将其排放于海洋。

2.2 一般而言，如废物审查表明存在废物源头防止的可能性，则申请人应与有关地方和国家机构合作，制定和实施废物防止策略，包括具体的废物减量目标以及为确保实现这些目标而作进一步废物防止审查的规定。许可证的颁发和更新决定应确保符合任何由此产生的减少和防止废物的要求。

2.3 本类物质最关切的是废物最小化问题。

3 对废物管理方案的考虑

3.1 倾倒废物或其他物质的申请应表明已逐级考虑下述按环境影响递增列出的废物管理方案：

(1) 再利用，包括返回厂家、拆卸和部分组件再使用；

(2) 异地回收使用；

(3) 减少或消除有害成分的处理，本指南指出的废物清理和准备工作应包括：污染物（包括润滑剂、漂浮物和可溶性物质）的去除，所有表面的清洁，清洁度确认，以适当方式除去包括清洁剂及其残留物等废物的适当处置，还应考虑尽量减少块状物的问题；

(4) 陆上和水中处置。

3.2 许可主管部门如确定废物存在对人类健康和环境无不适当的风险或不产生过度费用的再利用、再循环或处置的可能性，则应拒绝颁发废物或其他物质倾倒许可证。应根据倾倒和替代方案的风险比较评价来考虑其他处置方案的实际可行性，并考虑对倾倒适用预防性方法的一般性义务和保护海洋环境免受所有污染源危害的目标。

4 化学、物理和生物特性

4.1 块状物在这一项中需要考虑的是物理影响。当水进入到块状物内部时其密度应超过 1.2，并且避免空隙以确保其以相对较快的速度到达海底。

4.2 通则中对主要由铁、钢等所组成的块状物的定义应加以详细说明。如废物特性表征不足以恰当地评估废物对人类健康和环境的潜在影响，则不应允许倾倒该废物。

4.3 描述拟倾倒物质特性时，应考虑到其组成、结构形态及其与海水发生反应的可能性。

5 行动清单

5.1 行动清单为决定是否允许某物质进行倾倒提供了筛选机制，它是《96 议定书》附件 2 的重要组成部分，科学组将不断检查该清单来帮助各缔约国解决在使用该清单时出现的问题。该清单亦被用来评价《伦敦公约》附件 I 和附件 II 中的需求。然而，由于块状物主要是通过物理过程与生态系统产生相互作用，因此无须详细考虑行动清单。

6 倾倒区选划

倾倒区选划的考虑

6.1 选划适宜的海洋倾倒区对于接收废物至关重要。

6.2 选划倾倒区需要的信息包括：

（1）水体和海床的物理、化学和生物特性；

（2）便利设施的位置、海洋的价值和其他用海；

（3）经济与作业的可行性。

6.3 海洋环境保护科学联合专家组（GESAMP）的一份报告（《海洋倾倒区选划科学标准》）列出了有关倾倒区选划的程序指南。在选划倾倒区前，必须掌握拟选倾倒区周边海洋环境的海洋学数据。可以通过科学文献获取这些参数，同时还应进行现场调查以弥补文献资料的不足。仅需详细考虑与物理影响相关的生物特性如海底沉积物迁移。

6.4 在确定倾倒区具体位置时，应考虑的一些重要便利设施、生物特性和用海途径，包括：

（1）海岸线和滨海浴场；

（2）风景区或具有重要文化和历史意义的区域；

（3）特别具有科学或生物学意义的区域，如保护区；

（4）渔场；

（5）产卵场、育幼场和资源补充区；

（6）生物迁徙路径；

（7）季节性和重要栖息地；

（8）航道；

（9）军事禁区；

（10）海底工程利用情况，包括采矿、海底电缆、海水淡化、能源转换区域。

倾倒区的规模

6.5　鉴于下述原因，需着重考虑倾倒区的规模：

（1）除扩散性区域外，倾倒区的规模应足够大，保证大部分废物在倾倒后仍堆积在倾倒区内或预测影响范围内；

（2）倾倒区的规模应足够大，保证预期量的固体或液体废物倾倒后，在扩散至倾倒区边界前或至倾倒区边界时，废物的浓度被稀释接近背景水平；

（3）倾倒区的规模与预期倾倒量相比应足够大，保证倾倒区能使用数年；

（4）考虑到倾倒区监测将花费大量的时间与经费，倾倒区的规模应适度。

倾倒区的容量

6.6　为评估倾倒区的容量，尤其是固体废物，应考虑下述因素：

（1）预期的日、周、月或年倾倒量；

（2）是否为扩散型倾倒区；

（3）因堆积导致的倾倒区水深减少的容许量。

潜在影响评估

注：在对块状物进行适当清洁和整理后，与第6.7段至第6.13段相关的主要潜在影响为物理影响。

6.7　废物倾倒增加了生物暴露，由此引起的不利影响程度是决定某种废物是否适于在指定倾倒区进行倾倒的重要因素。在这方面，国家主管部门制定的水质标准或指导值是判断倾倒活动的影响是否可接受的衡量标尺。

6.8　对于诸多允许海洋倾倒的废物，如块状物，物理影响是显著且占主导地位的。倾倒区内的物理影响在可接受的范围内时，主管部门通常将倾倒外的物理影响降至最小。倾倒区外的废物沉降或迁移可能对海洋底栖生物（如窒息、底栖生物多样性变化、生境改变）、沉积物输运通量和过程，以及第6.4段中列出的其他用海产生物理影响，因此应对废物沉降或迁移程度予以重点关注。

6.9　某物质对生物的不利影响程度部分取决于该生物（包括人类）的暴露程度。暴露水平又尤其是污染物输入通量，以及控制污染物迁移、行为、归趋和分布的物理、化学及生物作用的函数。

6.10　由于天然物质以及污染物的普遍存在，拟倾倒废物所含的全部物质对生物均存在某种程度上的预暴露，因此有害物质暴露应关注倾倒导致的额外暴露，即在考虑输入通量时，应重点关注去除其他途径的既有输入通量后，由倾倒导致的相对物质输入通量。

6.11　因此，有必要适当地考虑倾倒区周边局部和区域内由倾倒引起的相对物质通量。如可预测到倾倒活动将对自然过程产生的既有输入通量造成实质性增强，则不建议选择该区域作为倾倒区。

6.12 对于合成物质而言，倾倒活动所产生的通量和倾倒区周边区域既有通量之间的关系不适宜作为决策依据。

6.13 应考虑时间特征以确定每年不宜倾倒的潜在关键期（如对于海洋生物）。上述考虑能够确定倾倒活动影响较弱的时期，但如果此类限定条件使得倾倒任务过于繁重或花费巨大，则可采取妥协方案，优先保护那些完全不应被干扰的物种。上述生物学考虑举例如下：

（1）海洋生物从生态系统的一部分向另一部分的迁徙期（例如，从河口到开放海域，反之亦然）、生长与育幼期；

（2）海洋生物在沉积物上/中的冬眠期或蛰伏期；

（3）特别敏感及濒危物种的暴露期。

污染物迁移

6.14 污染物的迁移取决于下列因素：

（1）基质类型；

（2）污染物的形态；

（3）污染物的分配；

（4）系统的物理状态，如温度、水流、悬浮物；

（5）系统的物理化学状态；

（6）扩散范围和水平对流路径；

（7）生物活动，如生物扰动。

7 潜在影响评价

7.1 潜在影响评价应得出对海上或陆上处置方案预期后果的简明陈述，即"影响假设"，从而为决定批准或拒绝拟处置方案和明确环境监测要求提供基础。废物管理方案应立足于尽可能避免污染物在环境中的扩散和稀释，优先采取必要的技术以防止污染物进入环境。

7.2 应基于废物特性、拟选倾倒区的状况、通量和拟采取的处置技术等对倾倒活动进行综合评价，指明对人类健康、生物资源、便利设施和其他合法用海的潜在影响。同时，应基于合理的保守假设明确预期影响的性质、时间和空间范围及持续时间。

7.3 评价应尽可能全面。主要的潜在影响应该在倾倒区选划过程中确定。这些影响对人类健康和环境最有威胁。从这一点出发，物理环境的改变、人类健康的风险、海洋资源的价值减损以及干扰其他海洋的合法利用，通常被视为首要关切。

7.4 在建立"影响假设"时，应特别关注但不局限于对下述对象的潜在影响：便利设施、敏感区域（如产卵场、育幼场和索饵场）、栖息地（如生物、化学和物理方面的改变）、迁徙模式和资源的商业化程度。同时，应考虑对其他用海的潜在影响，包括渔业、航行、工程用海、海洋的其他特殊使用价值和传统用海活动。应对块状物未按预测下沉的风险予以考虑。

7.5 即使是最简单和无害的废物，也存在诸多物理、化学、生物影响。"影响假设"不可能包罗万象，即使最全面的"影响假设"也不可能罗列出所有可能的情形，如难以预见的影响。因此，有必要制订与假设直接相关的监测方案，同时作为验证假设和审议对倾倒活动和倾倒区采取的管理措施是否适宜的反馈机制。识别不确定性的来源和后果也是至关重要的。

7.6 倾倒的预期后果应包括：对受影响的栖息地、过程、物种、群落和用海情况的描述，同时，应描述预期影响的确切性质（如变化、响应、干扰）。应详细量化倾倒产生的影响，这样才能准确确定现场监测要测量的变量。对于后者，预测倾倒"何地""何时"会产生影响很关键。

7.7 潜在环境影响评价应重点强调生物效应、栖息地改变以及物理、化学变化，应对下述因素加以解释：

（1）物理变化及对生物的物理影响；

（2）对沉积物迁移的影响。

7.8 如存在重复或多次倾倒作业，"影响假设"应考虑倾倒作业的累积影响，同时考虑与本地区正在进行或计划中的其他倾倒活动间可能的相互作用。

7.9 应根据对下述关切因素的比较评价对各处置方案进行分析：人类健康风险、环境成本、危害（包括事故）、经济和对未来用海的排他性。如评价获得的所有信息不足以确定拟处置方案的可能影响，包括潜在的长期有害后果，则不应进一步考虑该方案。此外，比较评价表明倾倒方案并非最佳方案，则不应颁发倾倒许可证。

7.10 各评价报告应给出是否支持颁发倾倒许可证的结论。

7.11 在需要开展监测时，"假设"中描述的影响和参数应当用于指导现场和分析工作，从而能够最有效和最经济地获得相关信息。

8 监测

8.1 监测用于验证是否符合许可条件（符合性监测），以及许可证审查和倾倒区选划过程中提出的假设是否正确并足以保护环境和人类健康（现场监测）。监测方案具有清晰明确的目标很关键。

8.2 "影响假设"是设计现场监测的基础。监测方案必须能确定倾倒区内的变化在预测范围内，监测方案必须解决下述问题：

（1）从"影响假设"中可得出哪些可检验的假设？

（2）通过哪些测量（类型、位置、频率、性能要求）检验这些假设？

（3）如何管理和解释获得的数据？

8.3 通常假定倾倒申请材料中已包含拟选倾倒区的现状（处置前）的详尽说明，但不足以得出"影响假设"，申请者应在主管部门对许可证申请作出最终决定前提供更多的资料。

8.4 许可证颁发的主管部门在制订和完善监测方案时应考虑有关的研究信息，监测可分为两类：一是预测影响范围内的监测；二是预测影响范围外的监测。

8.5 监测应能确定影响区域及影响区域外的变化程度是否与预测的不同。前者可通过布设连续（时、空）站位监测以确定空间变化不超过计划范围；后者可通过测定倾倒作业导致的影响区域外的变化程度来解决。这些监测通常建立在"零假设"基础上，即未能检出任何显著变化。监测还应考虑在废物特性表征阶段确定的物理、化学和生物特性。

8.6 应根据监测方案的目标，定期对监测结果（或其他相关的研究信息）进行评价，并为下述决策提供依据：

（1）修改或终止现场监测方案；

（2）更改或吊销许可证；

（3）重新界定或关闭倾倒区，或采取其他适当的修复或减缓措施；

（4）修改废物倾倒申请的评价依据。

9 许可证及许可条件

9.1 仅当完成全部影响评估，并明确监测要求后，才可作出是否颁发许可证的决定。许可证的规定应尽可能地确保倾倒活动的环境干扰和损害最小化、环境利益最大化。颁发的许可证必须附有下述数据及资料：

（1）拟倾倒物质的类型、数量和来源；

（2）倾倒区位置；

（3）倾倒的方法；

（4）监测及报告要求。

如需快速响应以应对不利影响，还需要考虑制订减缓计划的必要性。

9.2 若确定倾倒为最终处置方案，则必须事先颁发授权倾倒的许可证。建议在许可过程中提供公众审议和参与的机会。颁发许可证意味着许可主管部门接受了假定发生在倾倒区范围内的影响，如局部环境物理、化学和生物属性的改变。如提供的信息不足以确定倾倒活动是否会对人类健康或环境造成显著风险，许可主管部门应在作出颁发许可证决定前要求补充信息。如倾倒活动显而易见将对人类健康或海洋环境产生显著风险，或提供的信息仍不足以作出决定，则不予颁发许可证。

9.3 管理者应考虑技术能力及经济、社会和政治关切，始终致力于执行相关程序以切实确保环境变化远低于容许限度。

9.4 应考虑监测结果和监测方案的目标对许可证进行定期审查。通过审查监测结果，确定现场方案是否需延续、修改或终止，并有助于对许可证作出延续、修改或吊销的知情决定。定期审查也是保护人类健康和海洋环境的重要反馈机制。

9.5 在确定许可证及其他支持性证明文件合适的保有时段时，应当考虑潜在影响的持续时间。

二氧化碳流评价指南

1 引言

1.1　二氧化碳（CO_2）海底地质结构封存包含了将 CO_2 从工业和能源相关源中分离并运输至近岸地质结构中封存，使其与大气长期隔离的过程。[①] 这个过程是为稳定大气温室气体浓度而采取的减缓方案之一，以期局部、地区与全球在短、长期时间尺度上能够显著受益。CO_2 海底地质结构封存的目的在于防止人为活动产生的大量 CO_2 排入生物圈，其目标是利用地质结构永久封存 CO_2 流。

1.2　CO_2 海底地质结构封存的相关风险包括 CO_2、CO_2 流包含的或催动的其他物质泄漏进入海洋环境而产生的相关风险。总体而言，这些风险涉及从局部到全球、从短期到长期的不同级别。本专项指南针对 CO_2 海底地质结构封存引起的所有时间尺度上的风险，但主要针对局部与地区尺度上的风险，因此集中关注 CO_2 接收区及周边区域的海洋环境潜在影响。

1.3　就本指南而言，相关物质进行如下分类：

1）CO_2 流，由以下成分组成：

（1）CO_2。

（2）来自原材料和捕集封存过程的伴随物质：来自原材料和处理过程的物质；添加的物质（也即加入到 CO_2 流以实现或改善捕集和封存过程的物质）。

2）因处置 CO_2 流而催动的物质。

1.4　《96 议定书》附件 2 包括了可考虑倾倒的废物或其他物质的评价内容，该评价是缔约国的一项强制性义务，并且强调逐步减少废物倾倒的用海需求。附件 2 还认可，避免污染需要严格控制污染物质的排放与扩散，用科学的程序去选择恰当的废物处置方案。《可考虑倾倒的废物或其他物质的评价指南》[②] 连同本专项评价指南以附件 2 为基础编制，旨在供管理倾倒的国内主管部门使用。同时，这些指南建立了一种机制，用来指导各国主管部门在评估废物倾倒申请时与《伦敦公约》或《96 议定书》保持一致。应用本指南进行海洋环境影响评价，需要考虑与之相关的不确定性因素及其预防措施。

1.5　应当树立这样的观点：接受在海底地质结构中处置 CO_2 流并不意味着免除依

---

① 《96 议定书》第 1.4.3 条规定："处置或贮藏直接产生于海床矿物资源的勘探、开发和相关近海加工或与此有关的废物或其他物质，不受本议定书的管辖。"

② 《伦敦公约》缔约国第 19 次协商会议于 1997 年通过了该指南。在本文件中简称"通用指南"。

据《伦敦公约》和《96 议定书》的规定减少此种处置需求的义务。这应当放在减少温室气体排放和减缓气候变化诸方案的背景下进行考虑。

1.6 依据《96 议定书》，除明确列入附件 1 的物质外，禁止倾倒废物或其他物质。在《96 议定书》背景下，通用指南适用于附件 1 所列的物质。应用本指南时，不应将其作为重新考虑倾倒附件 1 所禁止的废物或其他物质的工具。

1.7 缔约国应当始终致力于严格执行相关程序以将对海洋环境、人类健康，以及其他合法用海的潜在不利影响最小化，这一过程应考虑技术能力以及经济、社会和政治关切。

1.8 本指南专门用于评价 CO_2 流的海底地质结构处置。遵守以下内容不意味着严于或宽于《96 议定书》附件 2 的规定。

附件 2 规定的要素与本指南的对应关系如下：

（1）CO_2 流的特性表征（第 4 部分　化学与物理特性）；

（2）废物防止审查和对废物管理方案的考虑（第 2 部分、第 3 部分）；

（3）行动清单（第 5 部分）；

（4）海底地质结构与周围环境的识别与定性（第 6 部分　处置区选划与特性表征）；

（5）确定潜在影响，作出影响假设（第 7 部分　潜在影响评价）；

（6）颁发许可证（第 9 部分　许可证及许可条件）；

（7）工程实施与符合性监测（第 8 部分　监测和风险管理）；

（8）现场监测与评价（第 8 部分　监测和风险管理）；

（9）减缓或补救计划（第 8 部分　监测和风险管理）。

1.9 关于 CO_2 海底地质结构封存风险评估与管理流程的更多建议参见缔约国于 2006 年通过的《CO_2 海底地质结构封存风险评估和管理框架》。

1.10 如海底地质结构是跨界的，可以被多个国家使用，或者注入以后可能发生 CO_2 流的跨界移动①，那么注入地所在的缔约国应当负有实施本专项指南的责任。使用海底地质结构应当征得全部有管辖权的国家的同意，且不得违背国际法，包括《联合国海洋法公约》的有关规定。注入地所在的缔约国应当与其他相关缔约国、国家与实体开展合作，确保必要信息的充分共享并遵守国际法，包括以约定或协议的形式确保本专项指南的有效实施。

1.11 一旦 2009 年修正案生效，本指南将适用于依据《96 议定书》第 6.2 条以处置为目的的 CO_2 流出口。

2 废物防止审查

2.1 在评估 CO_2 流海底地质结构封存替代方案的最初阶段应当包括对以下内容的

---

① 注入后 CO_2 流的跨界移动指的是 CO_2 流被注入后越过国界在跨界海底地质结构中的移动。跨界海底地质结构可能会延伸至其他国家的管辖范围或公海之中。注入后 CO_2 流的跨界移动并不是《96 议定书》第 6 条意义上的"出口"[参见 2009 年 10 月通过的决议 LP.3（4）第 12 段的表述]。

评价：

（1）CO_2流的量与形式及其关联危害；

（2）CO_2流的来源。

2.2 一般而言，如废物审查表明存在废物源头防止的可能性，则申请人应与有关地方和国家机构合作，制定和实施废物防止策略，包括具体的废物减量目标以及为确保实现这些目标而作进一步废物防止审查的规定。许可证的颁发和更新决定应确保符合任何由此产生的减少和防止废物的要求。

注：本段与CO_2流的海底地质结构处置并不直接相关，但有必要申明依据《96议定书》的规定，有减少此种处置需求的义务。这应当放在减少温室气体排放和减缓气候变化诸方案的背景下进行考虑。

3 对废物管理方案的考虑

3.1 CO_2的海底地质结构封存作为一个管理方案应放在缔约国减少温室气体排放和减缓气候变化诸方案的大背景下进行考虑。

3.2 申请以海底地质结构封存的形式处置捕集的CO_2流，必须表明已妥当考虑了下列因素：

（1）CO_2流中的伴随物质，如有必要，减少或者去除这些物质的处理方案；

（2）其他处置和/或封存方案，如陆地地下储存。

3.3 《96议定书》附件2规定的再利用和异地再循环方案应在本背景下予以考虑。

注：这些方案与CO_2海底地质结构封存并不直接相关。

3.4 根据《96议定书》附件2第6段，许可主管部门如确定废物存在对人类健康和环境无不适当的风险或不产生过度费用的再利用、再循环或处置的可能性，则应拒绝颁发废物或其他物质倾倒许可证。如同第3.3段所述，再利用和异地再循环与CO_2流的海底地质结构处置并不直接相关。应根据对海底地质结构封存和替代方案所作的比较风险评价来考虑其他处置和/或封存方案的实效。

4 化学与物理特性

4.1 对CO_2流的定性非常重要。如果描述过于简单，无法对人类健康和环境的潜在影响风险作出合适评价，那么不得倾倒CO_2流。

4.2 CO_2流（包括任何伴随物质）的特性表征应当考虑化学与物理特性以及各组分之间可能的交互作用。这些交互作用可能会影响流与地质结构之间的反应。此种分析应视情况包括下列内容：

（1）来源、量、状态和组成；

（2）物理与化学特性；

（3）毒性、持久性、生物富集可能性。

5 行动清单

5.1 行动清单为确定某物质是否允许倾倒提供筛选机制。各缔约国应制定国家行动清单，基于申请处置的废物及其组分对人类健康和海洋环境的潜在影响对废物进行筛选。行动清单还可作为进一步废物防止审查的启动机制。

5.2 行动清单为 CO_2 流提供了一个筛选工具，在考虑来自原材料和捕集封存过程产生的伴随物质及其量级之后，用以评估在海底地质结构中进行处置的可接受性。

5.3 伴随物质可以对 CO_2 运输、注入与储存的操作产生影响，如果释放出来，也可能会对人类健康、安全与海洋环境造成影响。因此，伴随物质可接受浓度的确定应综合考虑其对储区与相关运输基础设施完整性的潜在影响及其对人类健康和海洋环境的风险。

5.4 CO_2 必须占 CO_2 流的绝大部分，以与减少温室气体排放的目的保持一致。然而，CO_2 流可能包含了低浓度的来自原材料和捕集封存过程的伴随物质。伴随物质的实际种类和浓度主要取决于基本工艺（如气化、燃烧、天然气净化）、料源，以及捕集、运输和注入过程。[①]

5.5 应当强调的是，不能以处置为目的加入任何废物或其他物质。

6 处置区选划与特性表征

6.1 选择合适的海底地质结构处置 CO_2 流非常重要[②]。根据《96 议定书》附件 2 第 11 段，用于选划倾倒区的信息应包括：
（1）水体与海床的物理、化学和生物特性；
（2）所考虑区域中的便利设施、海洋的价值和其他用海；
（3）基于海洋环境中现有物质通量评价倾倒废物中该成分的通量；
（4）经济和作业的可行性。

因 CO_2 流被限定封存于海底地质结构之中，故倾倒 CO_2 流的要求与倾倒《96 议定书》附件 1 所列其他废物的要求并不相同。因此，为选划 CO_2 流的海底地质结构处置区，专门制定了以下指南。

---

① 伴随物质的种类和浓度基于不同个案而有所区别，并会随着新技术的开发与应用发生变化。以下信息可供参考：IPCC 2005 年的《二氧化碳捕集与储存特别报告》基于已掌握的信息介绍了燃料燃烧系统捕集过程产生的 CO_2 流杂质，包括 SO_2、NO、H_2S、H_2、CO、CH_4、N_2、Ar、O_2、HCl 以及重金属。应当注意的是，CO_2 流的杂质会随着源的不同（石油精炼厂、钢铁厂等）而不同。

② 对工程与天然类比以及模型的观察显示，妥当选择与管理的地质储存所的封存率 100 年内非常有可能超过 99%，1 000 年内有可能超过 99%。对于精心选择、设计与管理的地质储存所，绝大部分的 CO_2 因多种阻隔机制将逐渐稳定，此时，其封存时间可长达数百万年。由于这些阻隔机制，储存在较长时间尺度上会变得更加安全（参见 IPCC 2005 年报告，给决策者写的总结，第 25 段）。"非常有可能"指概率在 90%～99% 之间，"有可能"指概率为 66%～90%。

海底地质结构的特性表征

6.2 用于选划海底地质结构所需的信息包括基于地点特性表征的地质评价。[①] 为处置 CO_2 流而选划海底地质结构应重点考虑以下几点内容：

（1）水深以及注入与储存的深度；

（2）地质结构的储能、注入性能与渗透性；

（3）地质结构长期储存的完整性；

（4）周边地质状况，包括构造环境；

（5）随时间的推移，潜在的迁移与泄漏路径（包括跨界移动），以及 CO_2 泄漏对海洋环境的潜在影响；

（6）被注入的 CO_2 与地质结构潜在的交互作用，以及对相关基础设施与周边地质的影响，包括危险物质的潜在移动；

（7）监测的可能性；

（8）减缓与补救的可能性；

（9）经济和作业的可行性。

6.3 证明 CO_2 注入区的可行性与完整性需要大量的数据。大多数数据将被导入地质模型中，用于模拟和预测注入区的表现。

6.4 应重点考虑海底地质结构的储能和注入性能。为将 CO_2 流留存于地质结构中，储能和注入性能相对于预计注入总量与注入速度应该足够大。储能的估算应基于主管部门接受的方法。

6.5 如果海底地质结构是跨界的，可以被多个国家使用，或者注入以后可能发生 CO_2 流的跨界移动，那么注入地所在的缔约国应当与其他相关缔约国、国家与实体开展合作，确保必要信息的充分共享并遵守国际法。

所考虑海域的特性表征

6.6 应提供所考虑区域（包括注入与储存区、相关运输基础设施，以及潜在受影响的区域）便利设施、价值及其他用海途径的信息。这包括水体与海床的物理、水文、水力、化学和生物特性。

6.7 在选划具体区域时可以考虑下列重要设施、生物特性与用海途径：

（1）具有环境、科学、文化、历史价值的海岸和海域，如海洋保护区、脆弱生态系统（如珊瑚礁）；

（2）渔场及海水养殖场；

（3）产卵场、育苗场及恢复区；

（4）迁徙路径；

（5）季节性和重要的栖息地；

（6）航道；

（7）军事禁区；

（8）海底工程，包括采矿、海底电缆、海水淡化、能源转化。

[①] 更多请参考《CO_2 海底地质结构封存风险评估和管理框架》的附录 1。

潜在暴露评价

6.8 确定 CO_2 流在特定区域进行处置的适宜性时,需要重点考虑潜在泄漏可能导致的生物体有害物质暴露增加程度。向海底地质结构中注入 CO_2 流的风险特征分析一般基于特定区域的潜在泄漏路径、泄漏可能性、CO_2 流(包括处置 CO_2 流而催动的物质)对海洋环境的相关效应。

6.9 从海底地质结构中迁移或泄漏的潜在路径包括:

(1)注入井和同一地质结构中其他废弃或在用井;

(2)可渗透性岩层延伸至海床表面的区域;

(3)盖岩中的破碎断裂带和/或高渗透层;

(4)低渗透盖岩中的孔隙系统(例如,超过了 CO_2 流能够进入盖岩的毛细管吸入压力时)或者盖岩因与酸化的地层水作用而被腐蚀;

(5)局部不存在盖岩的区域;

(6)沿着储存结构发生横向迁移(例如,储存结构已被注满且超过了溢出点时)。

6.10 应当对被储存的 CO_2 流开展短期和长期的归趋模拟,以识别潜在迁移以及潜在泄漏途径的流量并评价泄漏的可能性。

7 潜在影响评价

7.1 对在海底地质结构中处置 CO_2 流的评价,应当关注 CO_2 流封存过程中发生泄漏所产生的风险。尽管该过程的风险产生机制有别于《96 议定书》规定的其他废物类型,但依然能在议定书框架下识别并评价可能造成的影响。关于 CO_2 海底地质结构封存风险评估与管理流程的更多建议参见议定书缔约国 2006 年通过的《CO_2 海底地质结构封存风险评估和管理框架》。

潜在影响评价

7.2 CO_2 流的泄漏应主要考虑 CO_2 在上覆水体与沉积物中溶解所产生的影响。释放进入水体的 CO_2 造成的影响取决于释放量级和速度、水体及沉积物的化学缓冲能力,以及输送和扩散过程。海洋化学环境中的高 CO_2 水平与变化会对许多海洋生物的新陈代谢产生深远影响。CO_2 泄漏引起的海水和沉积物的 pH 值改变会对物种形成、迁移,以及金属、营养盐及其他成分的生物利用性产生影响。在影响评价中考虑暴露于伴随物质、CO_2 流催动的其他物质、CO_2 流排出的盐水所造成的影响也很重要。

7.3 某物质对生物的不利影响程度是生物(包括人类)暴露水平的函数。暴露水平又尤其是污染物输入通量以及控制污染物迁移、行为、归趋和分布的物理、化学及生物作用的函数。

7.4 由于天然物质以及污染物的普遍存在,拟倾倒废物所含的全部物质对生物均存在某种程度上的预暴露,因此有害物质暴露应关注倾倒导致的额外暴露。这又可以通过比较注入前的初始浓度与倾倒后的物质增加浓度得以体现。

7.5 评价处置活动应特别注意但不必然限于下列因素:敏感生态系统或物种、敏感区域与栖息地(例如,产卵区、育苗区或捕食区,珊瑚礁)、迁徙物种以及市场化资源。对下列设施或用海活动也会有潜在影响：渔业、航行、工程用海、需特别关注且具备特殊价值的区域以及传统用海活动。

7.6 评价应尽可能全面。主要的潜在影响应在处置区选划过程中确定。评价处置活动应当综合以下信息：CO_2流的特征、拟选划的海底地质结构条件、注入作业以及拟采用的处置技术，并明确对人类健康、生物资源、便利设施以及其他合法用海的潜在影响。应基于合理保守的假设确定潜在影响的性质、时间和空间尺度以及持续期间。采用《CO_2海底地质结构封存风险评价和管理框架》图2所示的概念模型来概括这些关系是有益的。在评价风险特征的空间因素时，下列因素与潜在的影响区域相关：注入量、注入点的位置，以及储存所与上覆结构的地质特征（包括潜在的监测活动）。

风险评价

7.7 处置风险应根据暴露的可能性来分析，也即CO_2流的泄漏及其对栖息地、过程、物种、群落和其他用途的相关影响。评价的准确性质随工程的不同而有所区别，这取决于处置区的特征和周边环境。还应当考虑泄漏发生后的干预和减缓能力，这取决于在处置区或附近用以减轻暴露和污染影响的相关基础设施的可利用度。应当重点关注生物效应和栖息地的改变以及物理与化学变化。风险应被详细描述或定量，以明确哪些变量应当在监测过程中予以评价。

7.8 在评价伴随物质和因处置CO_2流而催动的物质的暴露与效应时，应当考虑以下因素：

（1）释放导致的与现有条件及关联效应相关的海水、沉积物和生物群中该物质浓度增加的量级；

（2）该物质对海洋环境或人类健康产生不利影响的程度。

7.9 鉴于CO_2海底地质结构封存的时间尺度，有必要考虑对工程的不同阶段进行风险分析。注入期间和短期的风险可能会与长期风险存在区别，这取决于对具体处置区的评估。在制订监测方案时，考虑不同时间尺度上的风险是重要的。

7.10 《96议定书》附件2第14段要求根据比较评价下列因素来分析各废物处置方案：人类健康风险、环境代价、危害、经济和对未来利用的排斥。如果评价表明没有足够的信息确定方案可能产生的影响，则不应进一步考虑该方案。此外，如果比较评价结果显示，封存方案并非更可取，则不应为该方案颁发许可证。

注：不存在替代方案时，本段与CO_2的海底地质结构处置并不直接相关。此时，封存活动的正当性应放在减少温室气体排放与减缓气候变化的背景中进行考虑。

影响假设

7.11 风险特征分析有助于作出"影响假设"。"影响假设"是对处置活动预期后果的简明描述。"影响假设"是决定同意或拒绝申请处置方案的基础，也是确定环境监测要求的基础。建立和检验影响假设的关键要素如下：

（1）CO_2流的特性表征；

（2）拟处置区的条件；

（3）防止和/或补救措施（有合适的性能标准）；

（4）注入速度和技术；

（5）潜在释放速度和暴露途径；

（6）对便利设施、敏感区域、栖息地、迁徙模式、生物群落、资源市场化，以及其他合法用海途径（包括渔业、航行、工程用海、需特别关注且具备特殊价值的区域，以及传统用海活动）的潜在影响；

（7）预期影响的性质、时空尺度和持续期间。

7.12 CO_2 流的封存目标是确保在不对海洋环境、人类健康以及其他合法用海活动产生显著不利后果的前提下，将其永久保存于海底地质结构之中。可以定义用于检验影响假设的定性和定量指标，它们在整体上应与上述目标保持一致。

7.13 对于多个 CO_2 流封存工程，影响假设应该考虑这些作业的潜在累积影响。考虑与其他正在开展或规划中的用海活动的潜在交互影响也很重要。

7.14 各评价报告应给出是否支持颁发倾倒许可证的结论。

7.15 监测方案的制订要用于检验"影响假设"。

8 监测和风险管理

8.1 监测用于验证是否符合许可条件（符合性监测），以及许可证审查和倾倒区选划过程中提出的假设是否正确并足以保护环境和人类健康（现场监测）。监测也能对处置区进行有效的管理。监测方案具有清晰明确的目标很关键，可用于启动减缓或减轻计划。

8.2 CO_2 流注入阶段的监测应用于评价封存过程的作业要素。监测要素包括但不限于：

（1）注入速度；

（2）注入与结构压力；

（3）机械完善性；

（4）CO_2 流的特性和组成。

注入阶段的监测有助于显著降低注入过程和长时间尺度存在的风险。

8.3 "影响假设"是设计现场监测的基础。监测方案必须能确定接收区内及周边的变化在预测范围内，监测方案必须解决下述问题：

（1）从影响假设中可得出哪些可检验的假设？

（2）通过哪些测量（类型、位置、频率、性能要求）可以检验这些假设并确定与预期结果偏离的程度和后果？

（3）如何管理和解释获得的数据？

8.4 对于 CO_2 流的海底地质结构封存，需要获取能够监测 CO_2 流封存引起变化的基线信息。许可申请应包含接收区现状（处置前）条件的恰当描述。

8.5 拟封存区的面积可能很大，因此需要认真考虑战略性地制订监测方案，使用模型工具以及直接和间接监测工具，使大面积探测 CO_2 迁移和潜在泄漏成为可能。[①] 此外，对 CO_2 流（包括其催动的物质）在海底地质结构中的潜在迁移或泄漏长期监测的时间跨度应当足以对预测模型（基于性能的系统）进行有效验证。当确定 CO_2 并未在储存所中发生迁移时，可以降低监测频率。

8.6 基于特定地点的监测方案可以根据最初的风险特征描述和水下模型追踪 CO_2 在封存区的潜在迁移，并视情况追踪处置区其他物质的潜在迁移。监测工具种类的选择依赖于工程的大小和其他特征（例如，地质结构类型、注入计划类型）。监测方案应反映工程各阶段不同监测技术、测定和时间范围的需求。发生突发情况（如泄漏时）可能需要增加监测。

8.7 监测方案应确认封存区的完整性并有助于保护人类健康和海洋环境。监测方案同时应将监测对海洋环境的影响最小化。对 CO_2 流封存的监测可以包括：

（1）性能监测，用以表明被注入的 CO_2 流是否很好地被保存在目标海底地质结构之中；

（2）周围地质层监测，用来探测 CO_2 流及视情况探测其催动的物质在目标海底地质结构内外的迁移；

（3）海底及上覆水体监测，用来探测 CO_2 流或其催动的物质是否泄漏进入海洋环境。在此背景下，应特别注意与海底地质结构相交的废弃油井和断层，或特别注意注入过程中或注入后盖岩安全的任何改变（断层、裂缝、地震）；

（4）海洋群落（底栖和水体）监测，用于探测 CO_2 流及其催动物质的泄漏对海洋生物的影响。

8.8 鼓励许可主管部门在制订和修改监测方案时考虑相关的研究信息。新的以及更为有效的监测技术和实践是会逐步发展的，改进监测方案时应予以考虑。在任何情况下，监测方案或修订后的监测方案应当与基线信息和影响假设相关。

8.9 监测应该用来确定短期和长期的影响是否与预测结果存在区别。这可以通过获取封存作业引起的变化程度的数据信息来实现。海底和海洋生物群落监测可以被包括进去，特别当怀疑 CO_2 从结构层向上迁移会延伸至海底时或者储存区位于敏感或濒危生境和物种的附近时。为了确定影响，海底监测或海洋生物群落监测应考虑 CO_2、伴随物质，以及因处置 CO_2 流而催动的物质。

8.10 应根据监测方案的目标，定期对监测结果（或其他相关的研究信息）进行评价，并为下述决策提供依据：

（1）修改监测方案；

（2）必要时实施减缓或补救计划中的措施；

（3）更改作业或者关闭处置区；

（4）更新风险评价；

（5）更改或吊销许可证；

---

① 基于风险与性能的、监测 CO_2 在地质储存区保留情况的方法参见 IPCC 2006 年《国家温室气体目录指南》。各国可以将该指南用于其本国的温室气体目录，也可以在监测海底地质结构封存区时向其寻求建议。

（6）修改对许可申请的评价基础。

减缓或补救计划

8.11 尽管在海底地质结构中处置 CO_2 流的目标是不泄漏，依然应当准备好减缓或补救计划，当发生泄漏并进入海洋环境时，能够实现快速有效的响应。减缓或补救计划要考虑所在区域的地震活动，地震可能导致泄漏。减缓或补救计划应当考虑 CO_2 流迁移或泄漏的可能性，以及随时间推移迁移或泄漏可能造成影响的类型与量级。国家主管部门以短期和长期时间尺度上迁移或泄漏对人类健康和海洋环境造成的潜在影响为基础，确定减缓或补救计划的要求以及相应的防止和改正措施。如果泄漏对海洋环境造成显著风险且不能被任何减缓或补救行动控制，那么应当停止或修改注入作业，或者根据具体场地因素将 CO_2 转移到更为合适的位置。

9 许可证及许可条件

9.1 仅当完成全部影响评估，并明确监测要求后，才可作出是否颁发许可证的决定。这包括充分的封存区特性表征、对迁移和泄漏的可能性及关联影响的评价，以及妥当的风险管理计划。许可证的规定应尽可能确保倾倒活动的环境干扰和损害最小化、环境利益最大化。这包括对封存区特点、注入及注入停止后关闭作业的报告和记录。颁发的任何许可证应载有说明下列内容的数据和信息：

1）许可证的目的。

2）拟在海底地质结构中处置的 CO_2 流（包括其伴随物质）的类型、数量和材料来源。

3）注入设施以及海底地质结构的位置。

4）CO_2 流的运输方式。

5）包括下列内容的风险管理计划：

（1）（作业期和长期的）监测和报告要求；

（2）第 8.11 段讨论的减缓或减轻计划；

（3）处置区关闭计划，应包含对关闭后监测及减缓或补救方案的描述。

9.2 如果选择了在海底地质结构中处置 CO_2 流的方案，那么必须事前颁发授权该活动的许可证。建议在许可过程中提供公众评议与参与的机会。授予许可证就意味着许可机构接受了发生在倾倒区边界内的假定影响，如对局部环境物理、化学和生物属性的改变。如果提供的信息不足以确定工程是否对人类健康或海洋环境产生显著的风险，许可主管部门应在作出颁发许可证决定前要求补充信息。如工程显而易见将对人类健康或海洋环境产生显著风险，则不予颁发许可证。

9.3 管理者应考虑技术能力及经济、社会和政治关切，始终致力于执行相关程序以切实确保环境变化远低于容许限度。

9.4 应根据 CO_2 流的组分变化、监测结果以及监测方案的目标对许可证进行定期审查。对监测结果的审查以及更新的风险评价会表明现场监测方案是否需要继续进行、修改或终止，并有助于对许可证的延续、修改或撤销作出知情决定。这为保护人类健康、海洋环境以及其他用海活动提供了重要的反馈机制。

9.5 由于在海底地质结构中处置 CO_2 流的目标是永久储存 CO_2，许可证和其他支持文件，包括处置区位置、监测结果以及减缓或补救计划，应当存档并长期保留。